上海市工程建设规范

城市综合体消防技术标准

Technical standard for fire protection of urban complexes

DG/TJ 08—2408—2022
J 16609—2022

主编单位：上海建筑设计研究院有限公司
　　　　　上海建工集团股份有限公司
批准部门：上海市住房和城乡建设管理委员会
施行日期：2023 年 2 月 1 日

同济大学出版社

2023　上海

图书在版编目(CIP)数据

城市综合体消防技术标准 / 上海建筑设计研究院有限公司，上海建工集团股份有限公司主编. —上海：同济大学出版社，2023.3

ISBN 978-7-5765-0798-0

Ⅰ. ①城… Ⅱ. ①上… ②上… Ⅲ. ①城市消防-技术标准-上海 Ⅳ. ①TU998.1-65

中国国家版本馆 CIP 数据核字(2023)第 040965 号

城市综合体消防技术标准

上海建筑设计研究院有限公司
上海建工集团股份有限公司 **主编**

责任编辑 朱 勇
责任校对 徐春莲
封面设计 陈益平

出版发行 同济大学出版社 www.tongjipress.com.cn
(地址：上海市四平路 1239 号 邮编：200092 电话：021-65985622)
经 销 全国各地新华书店
印 刷 浦江求真印务有限公司
开 本 889mm×1194mm 1/32
印 张 4.125
字 数 111 000
版 次 2023 年 3 月第 1 版
印 次 2023 年 3 月第 1 次印刷
书 号 ISBN 978-7-5765-0798-0
定 价 40.00 元

上海市住房和城乡建设管理委员会文件

沪建标定〔2022〕453 号

上海市住房和城乡建设管理委员会
关于批准《城市综合体消防技术标准》为
上海市工程建设规范的通知

各有关单位：

由上海建筑设计研究院有限公司、上海建工集团股份有限公司主编的《城市综合体消防技术标准》，经我委审核，现批准为上海市工程建设规范，统一编号为 DG/TJ 08—2408—2022，自 2023 年 2 月 1 日起实施。

本标准由上海市住房和城乡建设管理委员会负责管理，上海建筑设计研究院有限公司负责解释。

上海市住房和城乡建设管理委员会

2022 年 9 月 9 日

前　言

根据上海市住房和城乡建设管理委员会《关于印发〈2020 年上海市工程建设规范编制计划〉的通知》(沪建标定〔2019〕752 号)的要求，标准编制组在充分总结以往经验，结合新的发展形势和要求，参考国家、行业及本市相关标准规范和文献资料，并在广泛征求意见的基础上，编制了本标准。

本标准的主要内容有：总则；术语；基本规定；总平面布局；平面布局；特殊部位和空间；安全疏散、避难和消防救援；消防设施；施工、调试与验收；使用与维护。

各单位及相关人员在执行本标准过程中，如有意见和建议，请反馈至上海市住房和城乡建设管理委员会(地址：上海市大沽路 100 号；邮编：200003；E-mail：shjsbzgl@163.com)，上海市消防救援总队(地址：上海市中山西路 229 号；邮编：200051)，上海建筑设计研究院有限公司(地址：上海市石门二路 258 号；邮编：200041；E-mail：isa@aisa.com.cn)，上海市建筑建材业市场管理总站(地址：上海市小木桥路 683 号；邮编：200032；E-mail：shgcbz@163.com)，以供今后修订时参考。

主 编 单 位： 上海建筑设计研究院有限公司
上海建工集团股份有限公司

参 编 单 位： 上海市消防救援总队
同济大学建筑设计研究院(集团)有限公司
华东建筑设计研究院有限公司
应急管理部天津消防研究所
上海市建工设计研究院总院有限公司
上海市安装工程集团有限公司

上海建工一建集团有限公司
奥雅纳工程咨询(上海)有限公司

主要起草人：陈国亮　杨　波　龚　剑　寿炜炜　金达华
朱建荣　陈众励　党　杰　陈继良　孙　晔
王宗存　于　亮　何　焰　徐　凤　王美华
王　薇　王彦杰　潘嘉凝　陈杰甫　魏永明
曹晴烨　王　朔　孙晓乾　傅　纵　栗　新
王学军　张　勤　方　琪　赵桂兰

主要审查人：章迎尔　朱伟民　张锦冈　陈晓文　宗劲松
夏　林　马　哲

上海市建筑建材业市场管理总站

目　次

Contents

1 总 则

1.0.1 为切实加强城市综合体的消防安全，预防火灾发生和减少火灾危害，保护人身和财产安全，制定本标准。

1.0.2 本标准适用于本市新建、扩建的城市综合体的防火设计。改建和装饰装修的城市综合体的防火设计在技术条件相同时也可适用。

1.0.3 城市综合体应结合其建筑特征、使用功能组合，合理进行防火设计，统筹兼顾，做到安全合理、技术可行。

1.0.4 城市综合体的防火设计除应符合本标准的规定外，尚应符合国家、行业和本市现行有关标准的规定。

2 术 语

2.0.1 城市综合体 urban complexes

建筑面积等于或大于 50 000 m^2、集 2 种或 2 种以上功能于一体的单体公共建筑，及通过地下连片车库、地下连片商业空间、下沉式空间、连廊等方式连接的多栋公共建筑组合体。

2.0.2 中庭 atrium

贯通三层或三层以上且短边距离等于或大于 6 m、贯通空间的最小投影面积等于或大于 100 m^2 的室内空间，且其二层或二层以上周边设有与其连通的使用场所或回廊。

3 基本规定

3.0.1 城市综合体的耐火等级应为一级。

3.0.2 城市综合体的装饰装修设计不应擅自减少、改动、拆除、遮挡消防设施或器材及其标识、疏散指示标志、疏散出口、疏散走道等，不应擅自改变防火分区或防火分隔、防烟分区及其分隔，不应影响消防设施或器材的使用功能和正常操作。

4 总平面布局

4.1 一般规定

4.1.1 城市综合体的消防车道与周边市政道路的连通口不应少于2个。

4.1.2 城市综合体与其他建筑水平贴邻建造时，应采用无任何开口的防火墙分隔。

4.2 消防车道和消防车登高操作场地

4.2.1 城市综合体应设置环形消防车道，确有困难时，应沿建筑物的两个长边设置消防车道。消防车道靠建筑外墙一侧的边缘距离建筑外墙不宜小于5 m，且不宜大于30 m，距离任一建筑疏散出入口不应大于60 m。

4.2.2 城市综合体的消防车道应在基地内设置。当消防车道受基地现状场地条件限制必须借用周围市政道路时，除应符合现行国家标准《建筑设计防火规范》GB 50016的相关规定外，还应符合下列规定：

1 宜选择城市次干路、支路。

2 市政道路靠近城市综合体一侧应设有市政消火栓。

3 市政道路靠近城市综合体一侧不应设置密集绿化带、实体围墙、公交站上下客站点及其他妨碍消防救援的障碍物。

4.2.3 城市综合体的消防车道宜设置双车道，转弯半径（内径）不宜小于12.0 m。

4.2.4 消防车道尽端回车场地如因现状条件限制无法形成完整

方形或圆形场地时，消防车可利用满足回车要求的不规则场地作为消防回车场地。

4.2.5 当城市综合体设置中间穿过式通道作为消防车通道时，应符合下列规定：

1 通道的净宽度不应小于 9.0 m；当通道两侧均采用无任何开口的防火墙时，通道净宽度不应小于 4.0 m；当通道两侧的开口部位均采用防火墙和甲级防火门、甲级防火窗时，通道净宽度不应小于 6.0 m。

2 通道应设置排烟设施。

4.2.6 城市综合体设置的中间穿过式通道作为消防车通道，且兼作人员疏散使用时，除满足本标准第 4.2.5 条的相关规定外，还应符合下列规定：

1 应确保人车分流，并应确保消防车通道的最小净宽度不小于 4.0 m。

2 通道内供人员疏散的净宽度不应小于首层、疏散楼梯间、避难走道通过该通道直通室外的全部安全出口的总净宽度，且不应小于 1.4 m。

4.2.7 消防车登高操作场地的设置宜兼顾城市综合体室内不同的功能区域。

4.2.8 消防车登高操作场地与消防救援操作面的建筑外墙之间不应设置汽车库坡道出入口，确有困难时，应符合下列规定：

1 汽车库坡道出入口应设置在建筑投影范围内，且建筑外墙与消防车登高操作场地的距离不应小于 6.0 m，机动车坡道出入口两侧均应设置长度不小于 6.0 m 的无任何开口的防火墙。

2 汽车库坡道出入口及车道设置不应影响消防车登高操作场地的使用。

3 汽车库坡道出入口应设置高度不小于 1.0 m 的挡烟垂壁。

4 汽车库坡道出入口处的机动车库坡道应设置自动喷水灭火系统。

4.2.9 城市综合体与消防车登高操作场地相对应的范围内，应设置直通室外的楼梯或直通楼梯间的入口。

4.2.10 消防救援门窗洞口的设置，除应符合现行国家标准《建筑设计防火规范》GB 50016 的相关规定外，还应符合下列规定：

1 消防救援门窗洞口应沿建筑四周均衡布置，并宜布置在不同的方向。不靠外墙的防火分区无法设置消防救援门窗洞口时，该防火分区至少应设置两个通向相邻设有消防救援门窗洞口防火分区的走道、公共区域或大空间区域的连通口，且该连通口不应设置防火卷帘。

2 直通室外或下沉式广场的门及各层有敞开外阳台、敞开外廊、上人屋面的门，均可作为消防救援门窗洞口使用。

3 消防救援门窗洞口应易于从室内和室外打开或破拆；采用玻璃窗时，宜采用厚度不大于 8 mm 的单片钢化玻璃或中空钢化玻璃，不应采用普通玻璃、半钢化玻璃或夹层玻璃。

4 消防救援门窗洞口的净高度和净宽度不应小于 1.0 m。采用固定窗时，玻璃面积不应大于 3.0 m^2；采用开启窗时，玻璃面积不应大于 1.8 m^2。

5 消防救援门窗洞口不应悬空设置，其设置位置应确保消防救援人员安全进入室内地坪。

6 消防救援门窗洞口应具有可在室内和室外易于识别的明显标志。

7 建筑的装饰装修、户外广告和室内设施的设置，不应妨碍消防救援门窗洞口的使用。

4.2.11 消防车道和消防车登高场地应采用能承受消防车通行和救援操作荷载的硬质铺地。用作消防车登高操作场地的屋面或高架平台，屋面板或平台板以及承重构件除满足消防车承载要求外，其耐火极限不应低于 2.50 h。

4.2.12 消防车登高操作场地应划出明显的界限，并应设置明显的"消防车登高操作场地"标识，并宜标注最大承重参数。

4.2.13 消防车道沿途标志和标线标识应符合下列规定：

1 在消防车通道路侧缘石立面和顶面应施划黄色禁止停车标线。

2 无缘石的道路应在路面上施划禁止停车标线，标线为黄色单实线，距路面边缘 30 cm，线宽 15 cm。

3 消防车通道沿途每隔 20 m 距离在路面中央施划黄色方框线，方框线不应与消防车登高操作场地划线重叠，在方框内沿行车方向标注内容为“消防车道禁止占用”的警示字样。标识间隔距离，可结合城市综合体消防车道实际情况设置，但应保持视觉连续、无视觉盲区。

4 基地内消防车通道出入口路面，按照消防车通道净宽度施划禁停标线，标线为黄色网状实线，外边框线宽 20 cm，内部网格线宽 10 cm，内部网格线与外边框夹角 45°，标线中央位置沿行车方向标注内容为“消防车道禁止占用”的警示字样；同时在消防车通道两侧设置醒目的警示牌，提示严禁占用消防车通道，违者将承担相应法律责任等内容。

4.3 防火间距

4.3.1 相邻两座建筑之间通过设置防火墙以满足防火间距的，当两座相邻建筑形成夹角小于 180°时，最近的门、窗、洞口间距不应小于防火间距的要求；当两座相邻建筑形成夹角不小于 180°时，紧靠防火墙两侧的门、窗、洞口之间最近边缘的水平距离不应小于 2 m。

4.3.2 当相邻建筑通过连廊、天桥或底部建筑物等连接时，除满足现行国家标准《建筑设计防火规范》GB 50016 的相关规定外，还应符合下列规定：

1 相邻两座通过连廊、天桥或底部建筑物等连接的建筑，其防火间距应按照两座独立建筑确定。

2 连廊、天桥的功能仅限于人员通行，不得用于其他功能，其装修材料应为不燃材料。

3 连廊、天桥与地面之间的空间净高度不应小于 4.5 m。

4 连廊、天桥宽度不宜大于 6.0 m。

5 封闭式连廊应设置排烟设施，且宜为自然排烟。

4.3.3 同一座“回”字形、“U”形、“L”形建筑两翼属于不同防火分区时，其内转角两侧墙上的门、窗、洞口之间最近边缘的水平距离不应小于 4 m，并应符合下列规定：

1 “回”字形建筑相对的两翼距离应满足防火间距的要求。

2 “U”形建筑相对的两翼的防火间距不应小于 6 m，确有困难时，可在两窗之间“U”形底边处外挑垂直防火隔墙，防火隔墙的耐火极限不应低于 1.00 h；该墙的外端应与相对的两个窗的最外边平齐。

4.3.4 当建筑高度大于 24 m，“回”字形建筑相对的两翼属于同一个防火分区时，相对的两翼最近的门、窗、洞口间距应不小于按照内天井的空间高度确定的防火间距的要求。

4.3.5 当建筑屋顶和地下室顶板上开设排烟、采光、通风等开口时，该开口与上部建筑开口之间的直线距离不应小于 6 m，且水平距离不应小于 4 m。

4.3.6 建筑屋顶停车场的汽车坡道应按地上汽车库的要求设置；屋顶停车场应按地面停车场与建筑的防火间距，确定其与城市综合体其他部分或相邻建筑的防火间距。

4.3.7 有围护结构的地面机械车库应按地上汽车库确定防火间距。无围护结构的机械式停车装置，高度 10 m 及以下的，可按地面停车场确定防火间距；高度 10 m 以上的，与城市综合体的防火间距不应小于 10 m。当相邻建筑外墙为无任何开口的防火墙或比最高停车部位高 15 m 范围以下的外墙为无任何开口的防火墙时，防火间距不限。

5 平面布局

5.1 一般规定

5.1.1 城市综合体中相同使用功能的场所宜集中布置。除现行国家标准《建筑设计防火规范》GB 50016 和本标准另有规定外，城市综合体中不同使用功能的场所之间应采用耐火极限不低于 2.00 h 的防火隔墙分隔，防火隔墙上的门应采用乙级防火门。

5.1.2 城市综合体中由多种使用功能组成的同一场所或同一场所可作为多种功能使用，当不同使用功能之间未采取有效的防火分隔措施时，应按照消防要求较高的部分确定整个场所的消防安全要求。

5.1.3 城市综合体中的不同使用功能的场所应满足各自不同营业时间对安全疏散的要求，并不应受主体商业和其他营业场所停止营业的影响。

5.1.4 城市综合体与铁路、航空港、城市轨道等交通转运空间之间应采用无任何开口的防火墙进行分隔；当确需局部连通时，应采用下沉式广场、避难走道、防火隔间等具有防火防烟功能的缓冲空间连通，其中防火隔间不应作为疏散的安全出口。

5.1.5 城市综合体建筑内的地下商业设施与汽车库之间应采用无任何开口的防火墙进行分隔；当确需同层局部连通时，应采用下沉式广场、避难走道、防火隔间等具有防火、防烟功能的缓冲空间连通。

5.1.6 城市综合体中的公交首末站、枢纽站不应设置夜间停车功能；当确需作为汽车库、停车场使用时，应符合现行国家标准《汽车库、修车库、停车场设计防火规范》GB 50067 的相关规定。

5.1.7 城市综合体的消防控制室宜在首层沿消防车登高操作场地一侧的外墙设置，并应直通室外。消防水泵房的疏散门直通安全出口的距离不宜大于 15 m。

5.1.8 城市综合体中不应设置使用和存放液化石油气的场所，使用天然气的部位应便于通风和防爆。

5.1.9 城市综合体内存放白酒、食用油、香水类化妆品等类似商品的房间应避开人员经常聚集或停留的区域，并宜靠建筑外墙布置。

5.2 防火单元和防火分隔设施

5.2.1 除汽车库及交通枢纽外，城市综合体地下或半地下商业部分总建筑面积大于 20 000 m^2 时，应采用无任何开口的防火墙、耐火极限不低于 2.00 h 的楼板分隔成多个建筑面积不大于 20 000 m^2 的区域，其每个小于 20 000 m^2 且大于 10 000 m^2 的区域均应设置一处下沉式广场。

5.2.2 地下汽车库同一层停车区域建筑面积大于 50 000 m^2 时，除符合现行国家标准《建筑设计防火规范》GB 50016 和《汽车库、修车库、停车场设计防火规范》GB 50067 的相关规定外，还应符合下列规定：

1 应分隔成若干个停车区域，每个停车区域的建筑面积不宜大于 20 000 m^2。

2 除主车道连通外，各停车区域之间应采用无任何开口的防火墙分隔。

3 在主车道处可设置 2 道特级防火卷帘进行分隔，形成防火隔间，防火卷帘之间的最小间距不应小于 4 m，防火隔间内可不设置防排烟设施。

5.2.3 建筑内游泳池、消防水池等的水面面积、无可燃物的冰面或雪面面积等可不计入防火分区的建筑面积，但场所内人员活动区域的疏散距离与疏散宽度应满足现行国家标准《建筑设计防火规范》GB 50016 的相关要求。

5.2.4 城市交通枢纽站或停车数量大于 500 辆的汽车库设置在城市综合体内时，与其他场所之间应采用防火墙和耐火极限不低于 2.00 h 的楼板(含顶板)分隔。

5.2.5 与下沉式广场相邻的防火分区，当满足下列条件时，其防火设计要求可按地上单、多层建筑的相关要求确定。当设置自动灭火系统时，单个防火分区的最大允许建筑面积可增加 1.0 倍：

1 该防火分区至少 1/4 的周长贴邻下沉式广场。

2 下沉式广场应满足本标准第 6.2.2 条的要求。

3 该防火分区通向下沉式广场的设计疏散总净宽度不应小于该防火分区计算所需疏散总净宽度的 70%。

5.2.6 城市综合体内会议厅、多功能厅等人员密集的场所，宜布置在首层、二层或三层。确需布置在其他楼层，除符合现行国家标准《建筑设计防火规范》GB 50016 的相关规定外，当满足下列要求时，其一个厅(室)建筑面积可按不大于 800 m^2 划分：

1 该厅(室)内自然排烟口的面积不应小于其室内地面面积的 10%。

2 设置在地上四层及以上楼层时，该厅(室)应有至少 1/4 的周长贴邻满足本标准第 6.6.2 条要求作为疏散平台设计的屋面；设置在地下或半地下时，该厅(室)应有至少 1/4 的周长贴邻下沉式广场。

3 通向屋面、下沉式广场或室外地面的设计疏散总净宽度不应大于该厅(室)计算所需疏散总净宽度的 70%。

5.2.7 城市综合体的首层和地下层之间不宜设置跨层通高空间，当确需在建筑首层和地下层之间设置中庭、敞开楼梯、自动扶梯等上、下层相连通的开口时，其防火分区的建筑面积应按上、下层相连通区域的建筑面积叠加计算，且不应超过地下层相应使用功能防火分区的最大允许建筑面积。

5.2.8 防火隔间的设置，除应符合现行国家标准《建筑设计防火规范》GB 50016 的相关规定外，还应符合下列规定：

1 防火隔间的门应采用甲级防火门，且应错开设置。

2 不应用于除人员通行以外的其他用途，其装修材料应为不燃材料。

5.2.9 城市综合体中庭内不得使用侧向或水平封闭式防火卷帘，并不宜使用折叠提升式防火卷帘进行防火分隔。防火卷帘启闭方式应选用垂直卷式的防火卷帘，且应具备火灾时依靠自重下降自动封闭开口的功能。

5.3 特殊使用功能

5.3.1 巨幕影院等类似功能的场所宜布置在城市综合体首层、二层或三层，当确需布置在其他楼层时，应符合下列规定：

1 该场所应设置为独立的防火分区。

2 观众厅应采用耐火极限不低于 3.00 h 的防火隔墙和甲级防火门、甲级防火窗与其他区域分隔。

3 任一观众厅的座位数不宜超过 400 个。地上单个观众厅的建筑面积不应大于 600 m^2，地下单个观众厅的建筑面积不应大于 400 m^2。

4 地上观众厅各出口距地面高度不应大于 32 m；地下观众厅各出口距地面的高度不应大于 10 m。

5 当设置在地上时，应确保影院公共区域至少有 1 处靠外墙并设置消防救援门窗洞口等供消防救援用的设施。

6 观众厅内任一点至最近疏散门的直线距离不应大于 30 m。当疏散门不能直通室外地面或安全出口时，应采用长度不大于 10 m 的疏散走道直通最近安全出口，其他房间的门不得开向该疏散走道。

7 当设置在地上时，每个防火分区至少应设置 1 个独立的安全出口和疏散楼梯，并在首层直通室外，且该疏散楼梯除所在楼层的安全出口以及直通室外的安全出口外，在其他楼层不得开设出入口。

8 当影院最低楼面处距地面高度大于 10 m 时，应设置完全独立使用的安全出口和疏散楼梯，并应在首层直通室外。

9 当观众厅净空跨越建筑内 2 个及 2 个以上楼层时，厅内观众座位区域宜设置疏散门通向各自然楼层。疏散门的净宽度不应小于 1.4 m。

5.3.2 儿童活动、儿童照料等场所设置在城市综合体内时，除应符合现行国家标准《建筑设计防火规范》GB 50016 中的相关规定外，还应确保儿童活动用房的公共区域至少有 1 处靠外墙并设置消防救援门窗洞口等可供消防救援用的设施。

5.3.3 餐饮场所的设置应符合下列规定：

1 餐饮场所宜集中布置在同一楼层或同一楼层的集中区域。

2 不应在餐饮场所的用餐区域使用明火加工食品。

3 有明火加热操作的厨房区域应靠外墙布置，并采用耐火极限不低于 2.00 h 的防火隔墙与其他部位分隔，隔墙上的门应采用乙级防火门。

4 当商店营业厅、展览厅的防火分区内确需附设餐饮用房时，餐饮用房内不得设置带明火的厨房。餐饮用房的总建筑面积不宜大于所在商店营业厅、展览厅防火分区面积的 10%，且设置在地上时不宜超过 500 m^2，设置在地下或半地下时不宜超过 200 m^2。

5 开放式食品加工区（含超市、大卖场等）应采用电加热设施。

当厨房所处楼层建筑高度超过 32 m 且仍需设置敞开的食品加工区时，加工区应采用耐火极限不低于 1.00 h 的防火隔墙与就餐区分隔。

6 餐饮场所严禁使用液化石油气及甲、乙类液体燃料。餐饮场所使用天然气作燃料时，应采用管道供气；设置在地下且建筑面积大于 300 m^2 或固定座位数大于 150 座的餐饮场所不得使用燃气。

7 使用燃气的厨房内应设置可燃气体探测报警装置。

8 餐饮场所应明确餐厨布置，当餐饮场所未设置固定座位时，应以餐饮场所面积（含厨房、前厅、点菜、吧台等区域）按商店营业厅的人员密度计算确定；当餐饮场所设置固定座位或有独立隔间（用固定构件分隔）的包厢时，其疏散人数可按实际座位数的 1.1 倍计算。

9 按照固定座位数计算疏散人数的餐饮场所，应在场所的醒目位置标注餐厅的固定座位数。

5.3.4 保龄球、壁球、蹦床、攀岩、室内电动卡丁车场等场所设置在城市综合体内时，除应符合国家和本市的相关规定外，还应符合下列规定：

1 场所与其他区域应采用耐火极限不低于 2.00 h 的防火隔墙和 1.50 h 的不燃性楼板分隔，隔墙上的门应采用乙级防火门。

2 场所的室内装修含其附设的固定装饰物和大型道具（视为固定家具）的材料燃烧性能，应符合现行国家标准《建筑内部装修设计防火规范》GB 50222 的相关规定。

3 场所内使用人数超过 20 人的厅（室）应设置净宽度不小于 1.1 m 的疏散通道，活动座椅宜采用固定措施。

4 场所内应设置声音或视频警报，保证在发生火灾时能立即将其音响、画面切换到应急广播和应急疏散指示状态。

5 疏散门、疏散走道及其尽端墙面上，不得设置镜面反光材料遮挡、误导人员视线等影响人员安全疏散的装饰物，疏散通道上空不得悬挂可能遮挡人员视线的物体及其他可燃物，疏散通道侧墙和顶部不得设置影响疏散的凸出装饰物。

6 场所内各种灯具、大功率电气设备距离窗帘、幕布、布景等可燃物不应小于0.5 m。

7 场所的安全疏散人数计算宜按现行国家标准《建筑设计防火规范》GB 50016中商业建筑的相关规定执行。

8 蹦床、攀岩等需跨越多个楼层形成高大空间的场所，除其防火分区的建筑面积应按该高大空间场所连通的上、下各层的建筑面积叠加后不大于一个防火分区的建筑面积计算外，还应符合下列规定：

1) 为其服务的辅助房间应包含在该防火分区内。

2) 墙面、地面、隔断等表面附加的安全防护垫等材料视为墙面、地面或隔断饰面材料，燃烧性能应满足现行国家标准《建筑内部装修设计防火规范》GB 50222的相关要求。

3) 当蹦床区域的活动面积大于200 m^2或攀岩墙面连续长度大于60 m时，应设置宽度不小于3 m疏散通道进行分隔。

9 室内电动卡丁车场的人员疏散路径不应跨越车道(承担车辆引导的工作人员除外)。发生火灾后，应确保卡丁车仍能继续行驶至下车点，游客在下车点由工作人员帮助下车，工作人员引导游客进行安全疏散。

10 其他新业态，当其平面布局、安全疏散、消防设施设置、内部装修或使用功能、营运模式等与传统业态有所不同时，应结合本标准第5.1.2条的相关规定，综合分析其火灾危险性，提出针对性消防安全措施。

5.3.5 密室逃脱、剧本杀等剧本娱乐活动场所设置在城市综合体内时，除应符合本标准第5.3.4条和国家、本市的相关规定外，还应符合下列规定：

1 不得布置在地下二层及以下楼层。

2 当场所内有多个主题单元时，不同主题单元之间应采用净宽度不小于1.4 m的疏散走道和耐火极限不小于1.50 h的不燃性楼板进行分隔；局部有困难时，可采用耐火极限不低于2.00 h的防火隔墙、乙级防火门进行分隔。

3 游戏布景的门应设置可在内部手动开启的机械应急开启装置(不需要使用钥匙)。所有受出入口控制装置控制的门应在火灾自动报警系统启动时自动联动开启。

4 主题单元内固定的游戏布景、游戏设施及防撞条(带)等材料不得使用可燃、易燃材料。

5.3.6 无治疗功能的月子护理中心设置在城市综合体内时，应采用耐火极限不低于2.00 h的防火隔墙、甲级防火门与其他区域进行分隔，并应设置完全独立的安全出口，其安全疏散距离和安全出口数量、净宽度应按医疗建筑病房部分的要求执行。

5.3.7 剧场、电影院等场所设置在城市综合体内时，除应符合现行国家标准《建筑设计防火规范》GB 50016 的相关规定外，还应符合下列规定：

1 应设置在独立的防火分区内。

2 每个防火分区至少应设置1个独立使用的安全出口和疏散楼梯，并在首层直通室外。

3 应采用耐火极限不低于2.00 h的防火隔墙和甲级防火门与其他区域分隔；当该部位为防火分区的界限时，应采用防火墙和甲级防火门，并不得采用防火卷帘替代。采用中庭与其他区域分隔时，可在中庭周围设置防火卷帘。

5.3.8 金融保险类用房应采用耐火极限不低于3.00 h的防火隔墙和1.5 h的楼板与其他区域分隔，隔墙上的门应采用甲级防火门。金融保险机构内部使用的地下金库防火分区最大允许建筑面积为1 000 m^2，当设置自动灭火系统时可增加1.0倍。金融机构内部使用的金库可设置1个安全出口。

5.3.9 城市综合体中的附属库房应符合下列规定：

1 城市综合体内除可设置为满足建筑使用功能的附属库房外，不应设置其他库房。

2 每个防火分区内的附属库房总建筑面积不宜大于所在防火分区建筑面积的10%，每个店铺的附属库房建筑面积不宜大于其店铺建筑面积的10%，且每个库房总建筑面积地上不宜大于500 m^2，地下或半地下不宜大于200 m^2。

3 设置于商场内的附属库房应采用耐火极限不低于3.00 h的隔墙与营业、办公部分分隔，通向营业厅的开口应设置甲级防火门。

4 附属库房不得储存甲、乙类物品。

6　特殊部位和空间

6.1　中　庭

6.1.1　当城市综合体内设置中庭时，应符合下列规定：

1　地上与地下(或半地下)商店、展览厅通过中庭连通时，应采用防火分区之间的防火分隔方式与周围连通空间分隔。

2　中庭屋顶采光天窗与同一建筑高跨墙身外墙上的门、窗、洞口的直线距离不应小于6.0 m。当屋顶采光天窗的耐火极限不小于1.00 h，或与中庭采光天窗相邻的高跨外墙采用乙级防火门、乙级防火窗时，采光天窗与高跨外墙之间间距不限。

3　各层中庭及与其相连通的区域采取防火分隔措施与其他部分分隔时，其建筑面积不宜大于现行国家标准《建筑设计防火规范》GB 50016 有关一个防火分区最大允许建筑面积的规定。

4　中庭各层的安全出口不应少于2个，疏散出口应直通至疏散楼梯或室外安全出口。

5　中庭的防火卷帘在同层防火分区间的隔墙上时，其长度不计入防火分区间隔墙的总长度和隔墙上防火卷帘的长度。

6　中庭应设置排烟设施。当符合自然排烟条件时，宜优先采用自然排烟方式。

6.1.2　当中庭及周边回廊需要布置商业或其他服务功能时，或回廊的宽度大于6 m时，中庭区域应按首层和上、下各层相连通的建筑面积叠加计算后不得大于一个防火分区面积，中庭应设置安全出口，且其安全疏散应符合现行国家标准《建筑设计防火规范》GB 50016 的相关规定。

6.2 下沉式广场

6.2.1 当下沉式广场用于防火分隔时，应符合现行国家标准《建筑设计防火规范》GB 50016 的规定；当兼作人员疏散时，还应符合下列规定：

1 下沉式广场中可用于人员停留的净面积应按不大于 4 人/m^2 计算，且不应小于 169 m^2，人数应按相邻全部防火分区通过此下沉式广场疏散的总人数计算。

2 连通多层的下沉式广场，每层通向地面或上一层的疏散楼梯总净宽度不应小于本层任一防火分区通向下沉式广场的设计疏散总净宽度，且不应小于本层及本层以下各层设计疏散总净宽度之和。

3 不应设置直接开向下沉式广场的机械排烟口或其他影响安全的事故排风口。直接开向下沉广场的自然排烟口，与下沉广场内的疏散楼梯、进入下沉广场的安全出口的水平距离应等于或大于 10 m，且自然排烟口不应位于疏散楼梯或安全出口的上方或下方。

4 地下区域每层的外围护结构与下沉式广场开口边缘的水平距离不应大于该层的净高，地下空间外围护结构与下沉式广场之间的回廊应仅作人员通行使用，不应用于其他功能用途。

6.2.2 兼作消防救援使用的下沉式空间，除应符合本标准第 6.2.1 条的规定外，还应符合下列规定：

1 下沉式空间应设置室外消火栓，数量应根据室外消火栓设计流量和保护半径经计算确定且不应少于 2 个，间距不应大于 40 m。

2 下沉式空间应具有消防车进出的条件及可供消防车停靠、通行的场地。下沉式空间各层中可用于人员停留的露天区域的净面积不应小于 19 m×19 m，承重结构应能承受消防车的满载重量。

6.2.3 疏散楼梯应直通室外地坪，仅服务于设备用房、汽车库的疏散楼梯可通至下沉式广场。

6.2.4 下沉式广场至地面顺疏散方向的自动扶梯可计作疏散设施，其在火灾情况下应能自动运行。建筑中的电梯、自动扶梯和自动人行道及消防专用通道不应计作安全疏散设施。

6.2.5 下沉式广场不宜设置防风雨棚，确需设置时，该防风雨棚不应完全封闭，四周开口部位应均匀布置，开口的面积不应小于该空间地面面积的25%，开口的高度不应小于1.0 m，并应确保开口始终处于完全开启状态或在火灾时能联动全部同时开启；开口设置百叶时，百叶的有效排烟面积可按百叶通风口面积的60%计算。防风雨棚顶部应采用可熔性材料。

6.3 地下商业步行街

6.3.1 地下商业步行街与相邻其他功能区应采用下沉式广场、防火隔间等进行连通。

6.3.2 地下商业步行街应布置在地下一层，且埋深不应大于10 m，其上部不宜设置建筑。

6.3.3 地下商业步行街两端应设置下沉式广场或疏散净宽度不小于3.0 m的安全出口，其中下沉式广场的数量不应少于1个，且地下商业步行街通道的最小宽度和最大长度应满足表6.3.3的要求。

表6.3.3 地下商业步行街通道的最小宽度、相邻两端的步行街最大长度、小商铺的最大允许面积

步行街通道的最小宽度	相邻两端的步行街最大长度	小商铺的最大允许面积
6 m	60 m	50 m^2
9 m	90 m	100 m^2
12 m	120 m	200 m^2

6.3.4 地下商业步行街两侧可设置进深不大于 15 m 的小商铺，小商铺之间应设置无任何开口的耐火极限不低于 2.00 h 的防火隔墙。小商铺的最大允许面积应符合表 6.3.3 的规定。

6.3.5 地下商业步行街两侧建筑的商铺，其面向步行街一侧的围护构件的耐火极限不应低于 1.00 h，并宜采用实体墙，其门、窗应采用乙级防火门、窗；当采用防火玻璃墙时，其耐火隔热性和耐火完整性不应低于 1.00 h；当采用耐火完整性不低于 1.00 h 的非隔热性防火玻璃墙时，应设置自动喷水灭火系统进行保护。相邻商铺之间面向步行街一侧应设置高度不小于 2 m、耐火极限不低于 1.00 h 的实体墙。

6.3.6 地下商业步行街设有自动喷水灭火系统和火灾自动报警系统时，防火分区面积不应大于 2 000 m^2，地下商业步行街的通道面积可不计入防火分区面积，符合本标准中表 6.3.3 的地下商业步行街其通道两侧的防火分区面积可不叠加计算。

6.3.7 每个相邻防火分区连通地下商业步行街的开口部位总宽度不应大于 9 m，且不应借用连通步行街的开口疏散。

6.3.8 地下商业步行街的顶棚下檐距步行街地面的高度不应小于 4 m，顶棚应设置自然排烟设施并宜采用常开式的排烟口，且自然排烟口的有效面积不应小于步行街地面面积的 25%。常闭式自然排烟设施应能在火灾时手动和自动开启。

6.3.9 地下商业步行街内任一点到达最近安全出口的步行距离不应大于 50 m。步行街两侧商铺疏散门至最近安全出口的直线距离不应大于 37.5 m；步行街直通地面的疏散楼梯应独立设置。

6.3.10 地下商业步行街的顶棚材料应采用不燃材料，其承重结构的耐火极限不应低于 1.50 h。

6.3.11 地下商业步行街两侧建筑的商铺外应每隔 30 m 设置 DN65 的消火栓，并应配备消防软管卷盘或消防水龙，商铺内应设置自动喷水灭火系统和火灾自动报警系统。

6.3.12 地下商业步行街两侧建筑的商铺内外均应设置消防应

急照明、灯光疏散指示标志和消防应急广播系统。

6.4 类首层

6.4.1 城市综合体某标高对应的楼层设有环形平台，当满足以下条件时，该标高所对应的楼层可视作类首层：

1 平台应满足消防车通行和人员安全疏散的要求，其净宽度不应小于 13.0 m，且设有直通室外地坪的疏散楼梯，平台上任一点至直通室外地坪的疏散楼梯的距离不应大于 60 m。疏散楼梯的总净宽度不应小于任一楼层或任一防火分区通向平台的设计疏散总净宽度，单座疏散楼梯梯段净宽度不应小于 1.4 m。

2 平台仅能作为交通廊道及消防救援使用，其耐火极限不应低于 4.00 h。

3 平台应为室外开敞空间，确需设置防风雨棚时，防风雨棚不应完全封闭，顶部开口部位应分散均匀布置，顶部敞开面积不应小于该平台地面面积的 50%。消防车道和消防车登高操作场地上空不得设置防风雨棚。

4 沿平台一侧应设置室外消火栓，消火栓栓口水压不应小于 0.1 MPa。

5 平台应至少有 2 个消防车道出入口连通地面城市道路，消防车道的净宽度不宜小于 7.0 m，坡度不应大于 10%。

6 当平台上为高层建筑时，平台还应满足设置消防车登高操作场地的要求。

7 平台上应设置醒目的疏散指示标志。

8 平台下方排烟系统的烟气组织不应影响平台上方的安全疏散。

6.5 类室外空间

6.5.1 具备人员疏散功能的高大室内空间，当满足以下条件时，可视为类室外空间（准安全区域）：

1 该空间的建筑高度不应小于 12 m。

2 该空间除用于人员安全疏散外不得用于其他商业或可能导致火灾蔓延的用途。

3 不同区域通向该空间的开口最近边缘之间的水平距离不应小于 13 m，净面积不应小于 169 m^2。

4 通向该空间的门应采用甲级防火门。

5 当连接该空间的防火分区需利用该空间进行疏散时，该空间应设置完全独立的直通地面的疏散楼梯或疏散通道，疏散楼梯或疏散通道的总净宽度不应小于任一防火分区通向该空间的设计疏散总净宽度。单座疏散楼梯梯段或单个疏散通道净宽度不应小于 1.4 m。

6 该空间应设置排烟设施且宜为自然排烟设施。采用自然排烟设施时，其自然排烟口的有效面积不应小于该空间地面面积的 25%；自然排烟口宜分散均匀布置，自然排烟口宜采用常开式排烟口，常闭式自然排烟设施应能在火灾时手动和自动开启。

7 该空间内部装修材料的燃烧性能均应为 A 级。

6.5.2 通过高大室内空间连接多栋建筑时，不同建筑之间的防火间距应按照独立建筑确定。

6.6 屋面疏散

6.6.1 城市综合体的疏散楼梯应通至屋面，确有困难，当任一层建筑面积大于 1 000 m^2 时，应确保每个防火分区至少有 1 部疏散楼梯通向屋面，并宜在屋面设置逃生疏散辅助设施。疏散楼梯通至屋面时，应在每层楼梯间内设置“可通至屋面”的明显标识。

6.6.2 当屋面作为疏散平台设计时，应符合下列规定：

1 当城市综合体为单、多层建筑时，不同区域通向屋面疏散平台的开口最近边缘之间的水平距离不应小于 6.0 m。平台除用于人员疏散外不得用于其他商业或可能导致火灾蔓延的用途，其中平台用于人员停留的露天区域的净面积不应小于 36 m^2；当城市综合体为高层建筑时，不同区域通向屋面疏散平台的开口最近边缘之间的水平距离不应小于 13.0 m，其中平台用于人员停留的露天区域的净面积不应小于 169 m^2。

2 屋面疏散平台应为室外开敞空间，确需设置防风雨棚时，防风雨棚不应完全封闭，顶部开口部位应分散均匀布置，顶部敞开面积不应小于该平台地面面积的 50%。

3 屋面疏散平台应设置完全独立的直通室外地坪的疏散楼梯，疏散楼梯的总净宽度不应小于任一防火分区通往屋面疏散平台的设计疏散总净宽度。

4 疏散门至屋面疏散平台上直通室外地坪的疏散楼梯的距离不应大于 60 m。

5 设置在屋面上的商铺与屋面疏散平台之间的防火分隔措施应符合下列规定：

1）采用防火隔墙时，其耐火极限不小于低于 1.00 h。

2）采用防火玻璃墙时，其耐火隔热性和耐火完整性不应低于 1.00 h。

3）采用耐火完整性不低于 1.00 h 的非隔热性防火玻璃墙时，应设置自动喷水灭火系统保护。

4）采用防火卷帘时，其耐火极限不应低于 3.00 h。与平台相连通的门、窗应采用火灾时能自行关闭的乙级防火门、乙级防火窗。

6 屋面疏散平台上应设置醒目的疏散指示标志。

6.7 敞开式外廊、外阳台

6.7.1 建筑城市综合体首层的安全出口利用架空层直通室外时，应符合下列规定：

1 当架空层顶板的净高度小于或等于 6 m 时，安全出口至架空层投影外边缘的水平距离，不宜大于该架空层顶板的净高度。

2 当架空层顶板的净高度大于 6 m 时，安全出口至架空层投影外边缘的水平距离，不宜大于该架空层顶板净高度的 1.5 倍，且不宜大于 15 m。

3 安全出口通过架空层连通至室外的路径与其他使用功能区域之间应采用耐火极限不低于 2.00 h 的防火隔墙进行防火分隔。

4 架空层应仅作为交通功能使用，不应作为其他功能使用。

6.7.2 敞开式外廊、外阳台应按其建筑面积的一半计入防火分区面积，但其安全疏散应符合现行国家标准《建筑设计防火规范》GB 50016 的相关规定。

6.8 排烟排热设施

6.8.1 除有特殊功能或性能要求的建筑物外，下列设置机械排烟系统的场所应在建筑的外墙和(或)屋顶上设置排烟排热设施：

1 总建筑面积大于 1 000 m^2 的歌舞、娱乐、放映、游艺场所。

2 任一层建筑面积大于 3 000 m^2 的城市综合体。

3 靠外墙或贯通至建筑屋顶的中庭。

6.8.2 设置机械加压送风系统的封闭楼梯间和防烟楼梯间的排烟排热设施应符合下列规定：

1 靠外墙或直通屋面并设置机械加压送风系统的封闭楼梯

间、防烟楼梯间，在楼梯间的最上一层外墙或顶部应具有面积不小于 1.0 m^2 且可开启的自然排烟窗。

2 首层不靠外墙设置的地下室楼梯间，当其与地上相同部位的楼梯间在首层通过防火隔墙进行防火分隔，且地上部位楼梯间按现行国家标准《建筑防排烟系统技术标准》GB 51251 的规定设置排烟排热设施，或地上楼梯间采用自然通风方式防烟时，可在地下楼梯间首层与地上部位的楼梯间之间防火墙上设置甲级防火门。

3 高层建筑内区核心筒楼梯间被避难层分隔成多个梯段，其靠外墙或通至顶层的楼梯间应按有效面积不小于 1 m^2 设置排烟排热设施。

4 除位于建筑核心筒内高层塔楼的防烟楼梯间外，其他设置机械加压送风系统的地上封闭楼梯间或防烟楼梯间，应保证每个防火分区至少有 1 部楼梯间在外墙上部或屋面上设有排烟排热设施，或至少有 1 部采用自然通风方式的疏散楼梯间。

6.8.3 采用机械加压送风系统且靠外墙设置的防烟楼梯间，应在外墙上每 5 层内设置总面积不小于 2 m^2 的排烟排热设施。

6.8.4 设置机械排烟系统的下列场所，排烟排热设施的设置应符合以下规定：

1 设置在顶层或有外墙的歌舞娱乐放映游艺场所：当有隔声要求无法设置排烟排热设施时，可在同一防火分区的公共区域设置；排烟排热设施的面积按设置区域地面面积的 2%确定，且不得小于 3.0 m^2。

2 设置在顶层或有外墙的商业场所：面积小于 300 m^2 的商铺，可不在房间内设置排烟排热设施，但应在同一防火分区的疏散通道等公共区域设置排烟排热设施；面积大于等于 300 m^2 的商铺，应在本房间或场所设置排烟排热设施。排烟排热设施的面积应按设置房间(场所)地面面积的 2%确定，且不得小于 3.0 m^2。

3 设置在顶层或有外墙的普通展览场所和博物馆：当博物

馆等有防盗要求时，可将排烟排热设施设于同一防火分区的公共区域，其面积应按设置区域地面面积的 2% 确定，且不得小于 3.0 m^2。

6.8.5 需排烟排热的中庭，其排烟排热设施的总面积不应小于该中庭的挡烟垂壁和防火卷帘围合区域楼地面面积的 5%；当数个互相连通的中庭同时通顶或靠外墙设置时，其排烟排热设施面积应按上述方法计算并累加，并应分散均匀设置。

6.8.6 设有机械加压送风系统的避难层(间)，应在外墙设置不小于地面面积 1%的可开启外窗。

6.8.7 排烟排热设施的设置及有效面积应符合下列规定：

1 机械排烟场所设有可开启外窗时，可开启外窗的面积可计入排烟排热设施面积。

2 设置在靠外墙且不位于顶层区域的排烟排热设施，单个排烟排热设施的面积不应小于 1 m^2，且间距不宜大于 20 m，下沿距室内地坪的高度不宜小于楼层高度的 1/2。

3 采用固定玻璃的排烟排热设施面积应按可破拆的面积计算；带有温控功能的可开启设施的开启面积，应按开启扇的水平投影面积计算。

4 排烟排热设施宜按每个防烟分区在屋顶和建筑外墙上均匀布置，且不应跨越防火分区。

7　安全疏散、避难和消防救援

7.0.1　城市综合体内的安全出口应全部直通室外，确有困难时，可利用避难走道进行疏散，也可利用通向相邻防火分区的甲级防火门作为安全出口。当利用通向相邻防火分区的甲级防火门作为安全出口时，除应符合现行国家标准《建筑设计防火规范》GB 50016 的相关规定外，还应符合下列规定：

1　当利用通向相邻防火分区的甲级防火门作为安全出口时，应采用防火墙和甲级防火门与相邻防火分区进行分隔。

2　被借用安全出口的防火分区，应具备至少 2 个直通室外的安全出口，其疏散总净宽度除应满足本防火分区的疏散净宽度要求外，还应满足被借用的疏散净宽度。

3　借用安全出口和被借用安全出口的两个相邻防火分区功能宜相同或相近，且应均能满足双向疏散。

4　作为安全出口的甲级防火门应向疏散方向开启，并应通向疏散走道。

7.0.2　城市综合体中确需共用疏散楼梯间时，应符合下列规定：

1　共用疏散楼梯间的防火分区数量不应超过 2 个，每个防火分区只能共用 1 部疏散楼梯。

2　建筑面积等于或大于 1 000 m^2 的防火分区，直通室外的独立安全出口不应少于 2 个；建筑面积小于 1 000 m^2 的防火分区，直通室外的独立安全出口不应少于 1 个。

3　共用疏散楼梯时，共用的疏散楼梯应设为防烟楼梯间。

4　每个防火分区通向共用疏散楼梯间的前室应各自独立，开向每个前室的门不应多于 2 个且应为甲级防火门。

5　共用疏散楼梯的梯段净宽度不应小于通向该楼梯间的门

的净宽度之和。楼梯间首层出口门的净宽度不应小于梯段的净宽度。

6 每个防火分区进入共用疏散楼梯间的出口净宽度与借用相邻防火分区的安全出口净宽度之和,不应大于该防火分区计算所需净宽度的30%。

7 建筑各层直通室外、避难走道和疏散楼梯间的全部安全出口的总净宽度,不应小于按照该层总疏散人数计算所需的总净宽度。

7.0.3 当城市综合体内采用剪刀楼梯作为安全出口时,应符合下列规定:

1 商店营业厅、展览厅内可设置剪刀楼梯,但同一部剪刀楼梯不应作为一个防火分区内的2个安全出口。

2 分别位于两个相邻防火分区的疏散楼梯组合为剪刀梯形式时,梯段之间的隔墙应采用耐火极限不低于3.00 h防火隔墙进行分隔。

3 用于2个独立安全出口的剪刀楼梯间在首层可以共用同一个扩大前室。当一部剪刀梯用于两个不同防火分区安全出口,在首层共用同一个扩大前室疏散至室外时,扩大前室通往室外的安全出口不应少于2个且间距应等于或大于5 m。

7.0.4 裙房与高层建筑主体之间设置防火墙和甲级防火门时,裙房的防火分区可按单、多层建筑的要求设置。

7.0.5 城市综合体平时需要控制人员随意出入的安全出口、疏散门或设置门禁系统的疏散门,应保证火灾时能从内部直接向疏散方向推开,并应在门上设置"紧急出口"标识和使用提示。可根据实际需要选用以下方法之一或其他等效的方法:

1 设置安全控制与报警逃生门锁系统,其报警延迟时间不应超过15 s。

2 设置能远程控制和现场手动开启的电磁门锁装置,并能与火灾自动报警系统联动。

3　设置推闩式外开门。

7.0.6　附建在城市综合体中的电影院，其疏散人数应为放映厅内座位数、工作人员数和候场人数之和，每层候场人数的计算应符合下列规定：

1　仅设一个放映厅时，候场人数按照50％座位数计算。

2　如设置多个放映厅时，候场人数按照放映厅中最大座位数且不小于该层各厅总座位数的20％计算。

7.0.7　附建在城市综合体中的健身房、无看台体育活动场所，其安全疏散人数计算宜按现行国家标准《建筑设计防火规范》GB 50016中商业建筑的相关规定执行。

7.0.8　观众厅、展览厅、多功能厅、餐厅、营业厅、大空间办公等为开敞大空间布置时，其内部任一点至最近安全出口或疏散门的直线距离不得超过37.5 m，且行走距离不得超过45 m。当其内部任一点至两个安全出口直线之间角度小于45°时，应满足袋形走道两侧或尽端的疏散门至最近安全出口的直线距离。

7.0.9　当防烟楼梯间在首层直通室外确有困难时，可采用扩大防烟楼梯间前室或设置避难走道。当采用扩大防烟楼梯间前室时，楼梯间出口至最近建筑外门的疏散距离及疏散净宽度应符合下列规定：

1　楼梯间出口至最近建筑外门的疏散距离不应大于30 m。

2　当地下部分和地上部分的疏散楼梯分别通过不同的前室、扩大前室或避难走道直通室外时，楼梯至室外的疏散净宽度分别不应小于各自所连接的疏散楼梯的总净宽度。

3　当地下部分与地上部分的疏散楼梯共用疏散楼梯间并在首层通过同一个前室、扩大前室或避难走道直通室外时，楼梯至室外的疏散净宽度不应小于地下和地上疏散楼梯的总净宽度。

4　当地下部分与地上部分的疏散楼梯不共用疏散楼梯间并在首层通过同一个扩大前室或避难走道直通室外时，楼梯间出口至室外的疏散净宽度不应小于地下和地上疏散楼梯各自总净宽度的较大值。

7.0.10 城市综合体建筑首层安全出口宜直接通向室外开阔地带，如需设置室外疏散通道与室外开阔地带连接时，室外疏散通道宽度不应小于3.0 m，长度不宜大于15 m。

7.0.11 当城市综合体内设有局部夹层，其与下部楼层为同一防火分区，人员需经下部楼层设置的疏散出口疏散时，经楼梯从夹层疏散至下部楼层的距离应按其梯段水平投影长度的1.5倍计算。

7.0.12 建筑高度大于100 m的城市综合体，应设置避难层。避难层除应符合现行国家标准《建筑设计防火规范》GB 50016的规定外，还应符合下列规定：

1 两种不同使用功能的楼层之间宜设置避难层。

2 避难层不应设置除设备房间之外的其他功能。

3 避难层应专门设置相对独立的区域，避难层内连接楼梯间，消防电梯和避难区的走道面积不应计入避难区的净面积。

4 避难层之间的垂直间距不应大于50 m。

5 避难层应设置消防安全器材存储点，其面积不宜小于10.0 m^2，并应设置易于识别的明显标志。

7.0.13 当城市综合体采用避难走道作为疏散通道或安全出口时，除应满足现行国家标准《建筑设计防火规范》GB 50016的相关规定外，还应符合下列规定：

1 避难走道防火隔墙的耐火极限不应低于3.00 h，确需设置窗口时，应采用固定窗扇的甲级防火窗，且窗口与墙的面积比不宜大于5%。

2 避难走道的净宽度不应小于1.4 m，净高不应小于2.1 m。

3 当有多个防火分区通向避难走道时，避难走道的净宽度不应小于各个防火分区通向该避难走道的设计疏散总净宽度的30%，且不应小于任一防火分区通向避难走道的设计疏散总净宽度。避难走道直通安全出口的疏散净宽度可计入本层疏散总计算净宽度。

4 防火分区至避难走道入口处应设置防烟前室，前室的使用面积不应小于 6.0 m^2，防火分区开向防烟前室、防烟前室开向避难走道的门均应采用甲级防火门。

5 通往避难走道的防火分区内应至少设置 1 部直通地面的疏散楼梯或 1 个直通室外的安全出口。

6 当避难走道一端设置安全出口且避难走道总长度小于 30 m 或一个避难走道两端设安全出口且避难走道总长度小于 60 m 时，避难走道可不设置防烟系统。

7 避难走道的坡度不应大于 1∶12。除通往地面的疏散口部之外，避难走道内不宜设置台阶。

8 避难走道仅供人员通行，其地面应具有防滑性能，不应设置其他用途或设施和管线，不应有减小疏散宽度或影响正常疏散的柱等凸出物。

7.0.14 封闭楼梯间、防烟楼梯间在各层的平面位置不应改变或应能使人员的疏散路线保持连续，因功能和结构影响，确需局部错位时，疏散路径应完全封闭在同一部楼梯间内，与外部空间之间应采用无任何开口的耐火极限不低于 2.00 h 防火隔墙以及耐火极限不低于 1.50 h 楼板进行分隔。

7.0.15 位于城市道路下方的地下空间可与周边地块合并设置防火分区，满足地块内防火分区设置要求。如作为城市公共通道，宜单独划分防火分区，并设置独立的安全出口，且应符合下列规定：

1 通道仅供人员通行，不应布置商业或其他可能导致火灾蔓延的用途。

2 通道净宽度不宜小于 10.0 m。

3 与相邻地块防火分区之间应采用防火墙和甲级防火门分隔；与商业区域连通时，通道区域可采用防火卷帘进行分隔。

4 通道防火分区应设置至少 2 个安全出口；当受到规划条

件限制时，通道区域防火分区可借用相邻地块边界处设置的疏散楼梯，借用的疏散楼梯净宽度按照地块内防火分区疏散净宽度的要求设计。

5 通道任一点至安全出口疏散距离应满足双向 40 m、单向 20 m 的要求；当设置自动喷水灭火系统时，疏散距离可增加 25%。

7.0.16 消防电梯的设置，除应满足现行国家标准《建筑设计防火规范》GB 50016 的相关规定外，还应符合下列规定：

1 消防电梯应设置在公共区域。

2 对于设置在地下的设备用房、非机动车库等防火分区，当受地面功能布置等限制分别设置消防电梯有困难时，可与相邻防火分区共用 1 台消防电梯，但应分设前室，且每个共用消防电梯服务的防火分区数量不应超过 2 个。

3 高层建筑的裙房可不设置消防电梯。

4 防火分区贴邻下沉式广场，且下沉式广场满足本标准第 6.2.2 条要求时，该防火分区可不设置消防电梯。

5 消防电梯独用前室的门，宜向消防救援人员进入火场的救援方向开启。

7.0.17 当消防电梯受地面条件限制确实无法直通地面时，消防电梯可通至满足本标准第 6.2.2 条要求的下沉式广场。

8 消防设施

8.1 防烟、排烟及通风空调系统

8.1.1 城市综合体建筑的封闭楼梯间、防烟楼梯间、独立前室、共用前室、合用前室及消防电梯间前室等部位的防烟系统设计，应满足现行国家标准《建筑设计防火规范》GB 50016、《建筑防烟排烟系统技术标准》GB 51251 以及上海市工程建设规范《建筑防排烟系统设计标准》DG/TJ 08—88 的要求。

8.1.2 城市综合体建筑应在下列部位或场所设置排烟设施：

1 设置在一、二、三层且房间建筑面积大于 100 m^2 的歌舞娱乐放映游艺场所，设置在四层及以上楼层、地下或半地下建筑（室）内歌舞娱乐放映游艺场所。

2 中庭。

3 连通商场的中庭回廊。

4 公共建筑内建筑面积大于 100 m^2，且经常有人停留的地上房间。

5 公共建筑内建筑面积大于 300 m^2，且可燃物较多的地上房间。

6 建筑内长度大于 20 m 的疏散走道。

7 使用燃气且建筑面积大于 50 m^2 的烹饪操作间。

8.1.3 设置在四层及以上楼层、地下或半地下室的歌舞娱乐放映游艺场所，当设置机械排烟系统时，除应满足现行国家标准《建筑设计防火规范》GB 50016、《建筑防烟排烟系统技术标准》GB 51251 以及上海市工程建设规范《建筑防排烟系统设计标准》DG/TJ 08—88 的规定外，还应满足下列要求：

1　其走道的排烟系统宜独立设置。采用机械补风时，补风系统宜独立设置。

2　场所内的走道和设有排烟口的房间应设置补风口，补风口的布置应有利于排烟和人员疏散。

8.1.4　使用燃气的烹饪操作间及其他使用燃气的场所应设置事故通风系统。

8.1.5　排除密度小于空气的可燃气体的事故排风系统应符合下列规定：

1　排风系统应设置导除静电的接地装置。

2　排风设备不应布置在地下、半地下建筑(室)内。

3　排风管应采用金属管道，所排出的气体应直接通向室外安全地点。

4　排风机应布置在排出口处。

5　应选用防爆型的事故排风机。

6　水平排风管全长应顺气流方向向上坡度敷设。

7　室内排风口应高位设置。

8.1.6　厨房的排油烟系统应符合下列规定：

1　水平排油烟管道不宜穿越防火分区，确需穿越时，风管的耐火极限不应小于1.00 h。竖向排油烟管道应敷设在管道井内，井壁的耐火极限不应小于1.00 h，井壁上的检查门应采用乙级防火门。

2　排油烟管道不应穿越重要或火灾危险性大的场所的房间。

3　排油烟管道与竖向排风管连接的支管处应设置公称动作温度为150 ℃的防火阀。

4　排油烟管道穿越防火分隔处的变形缝两侧应设置公称动作温度为150 ℃的防火阀。

5　排油烟管道应采用金属管道。

8.1.7　通风、空气调节系统的风管及绝热材料应采用不燃材料。

8.2 灭火设施

8.2.1 消防用水可由市政给水管网或消防水池供给，应优先采用市政供水。

8.2.2 符合下列规定之一的，应设置消防水池：

1 当生活用水量达到最大时，市政给水管道、进水管或天然水源不能满足室内、室外消防用水量。

2 市政给水管为枝状或只有1条引入管。

3 建筑高度大于100 m。

8.2.3 消防水池的有效容积应根据计算确定，并不应小于100 m^3。

8.2.4 灭火持续时间应按表8.2.4的规定执行。

表8.2.4 不同灭火系统的灭火持续时间

灭火系统类型	灭火持续时间(h)
消火栓给水系统	3
自动喷水灭火系统(仓库及类似场所除外)	1
防护冷却系统	不应小于系统设置部位的耐火极限要求

8.2.5 室外消火栓用水量不应小于40 L/s。当建筑面积大于500 000 m^2 时，室外消火栓用水量不应小于80 L/s。

8.2.6 室外消火栓应采用地上式，室外消火栓的布置应符合下列规定：

1 应沿消防车道或建筑均匀布置，间距不应大于120 m。

2 距路边不宜大于2 m，距建筑外墙的最近距离不宜小于5 m，距高层建筑外墙的距离不宜大于40 m。

3 在建筑的5 m～40 m范围内的市政消火栓可计入室外消火栓的数量。

4　消防车登高操作场地的室外消火栓不宜少于2个。

8.2.7　消防给水系统应设水泵接合器，水泵接合器的布置应符合下列规定：

1　室内消火栓给水系统、自动喷水灭火系统的水泵接合器宜分别集中布置。

2　水泵接合器应采用地上式或侧墙式。

3　水泵接合器应设在便于消防车使用的地点，其周围15 m～40 m内宜有室外消火栓或消防水池的取水口。

8.2.8　室外消火栓、水泵接合器、阀门井等设置地点应设有相应的永久性固定标识。

8.2.9　室内消防用水量应按需要同时开启的室内消防给水系统设备用水量之和计算。

8.2.10　室内消火栓系统的设计流量应按不同使用功能场所设计流量的最大值确定。

8.2.11　自动喷水灭火系统的设计流量应按不同危险等级场所设计流量的最大值确定。

8.2.12　下列场所宜采用快速响应喷头：

1　公共娱乐场所、中庭环廊。

2　老年、少儿、残疾人的集体活动场所。

3　商业场所及仓储用房。

4　高度50 m以上的楼层。

8.2.13　净高超过自动喷水灭火系统保护可达高度的场所需设置自动灭火系统时，宜采用自动跟踪定位射流灭火系统。其设计应按现行国家标准《自动跟踪定位射流灭火系统技术标准》GB 51427执行。

8.2.14　单间使用面积小于等于100 m^2的可燃物储藏室，其自动喷水灭火系统的危险等级可按中危险Ⅱ级确定；使用面积大于100 m^2的附属库房和净高超过8 m的自选商场、大卖场、仓储式商场等，其设计应按现行国家标准《自动喷水灭火系统设计规范》

GB 50084 中的仓库设计参数确定。

8.2.15 消防给水系统应设高位消防水箱。高位消防水箱内消防贮水量应符合下列规定：

1 建筑高度小于 100 m,不应小于 36 m^3。

2 建筑高度大于 100 m,不应小于 50 m^3。

3 建筑高度大于 150 m,不应小于 100 m^3。

4 建筑面积大于 30 000 m^2 时的商业场所,不应小于 50 m^3;当与本条第 1 款规定不一致时,应取其大值。

8.2.16 当采用自动喷水灭火系统保护防火卷帘、防火玻璃墙等防火分隔设施时,其报警阀应独立设置。

8.2.17 中间穿过式通道内应设自动喷水灭火系统,且报警阀应独立设置。

8.2.18 消防电梯井基坑下应单独设置消防排水设施,且其他排水不得接入。

8.2.19 燃油锅炉房、燃油直燃式机组机房和柴油发电机房,其机房间和油泵房应设置水喷雾灭火系统。

8.2.20 燃气锅炉房、燃气直燃式机组机房,应设置与可燃气体探测器联动的自动切断气源装置,其机房应设自动喷水灭火湿式系统。

8.2.21 分布式供能站的机房应设湿式自动喷水灭火系统。

8.2.22 建筑高度大于 24 m 时,干式变压器室和开关室应设置气体灭火系统或细水雾灭火系统。

8.2.23 建筑高度大于 100 m 时,楼层设置的配电间内应设自动喷水灭火系统。当使用面积小于等于 3 m^2 或体积小于等于 12 m^3 时,可采用脉冲干粉自动灭火装置。

8.2.24 建筑高度大于 100 m 时,建筑内的通信机房应设置气体灭火系统。

8.2.25 主机房建筑面积大于等于 140 m^2 的计算机房内的主机房及计算机基本工作间的已记录磁或纸介质库应设置气体灭火

系统或细水雾灭火系统。终端室等基本工作间的其他部位可设置湿式自动喷水灭火系统。

8.2.26 消防控制室可不设自动灭火系统，但应按现行国家标准《建筑灭火器配置设计规范》GB 50140 的要求配置灭火器。

8.2.27 设置电动自行车集中充电设施的非机动车库应设置自动喷水灭火系统。

8.2.28 餐饮场所使用燃气的厨房，其排油烟罩及烹饪部位应设置能够联动切断燃气输送的自动灭火装置，并应能够将报警信号反馈至消防控制室。

8.2.29 城市综合体应设消防软管卷盘。消防软管卷盘设置应符合下列规定：

1 栓口直径应为 25 mm，胶带内径不应小于 19 mm，胶带长度不应大于 30 m，水枪喷嘴口径不应小于 6 mm。

2 应保证一股水流能到达室内地面任何部位。

8.3 电 气

8.3.1 城市综合体的消防设备供电电源负荷等级不应低于一级负荷供电。

8.3.2 城市综合体中建筑高度 150 m 及以上的一类高层建筑的消防系统、安防系统、应急照明和航空障碍灯用电负荷应由 3 个电源供电，并应符合下列规定：

1 应由满足一级负荷要求的双重电源和一个应急电源组成。

2 应急电源的容量应同时满足最大用电负荷的供电要求。

3 应急电源的切换时间，应满足用电负荷允许最短中断供电时间的要求。

4 应急电源的供电时间，应满足用电负荷最长持续运行时间的要求。

8.3.3 建筑面积大于 250 000 m^2 的高层城市综合体、建筑面积大于 40 000 m^2 的地下或半地下商店应设自备应急柴油发电机组或第三重市电作为消防用电设备的应急电源。

8.3.4 城市综合体建筑内应采用灯光疏散指示标志。建筑内建筑面积大于 400 m^2 的营业厅、展览厅等场所内的疏散指示标志，应保证其指向最近的安全出口，并使人员在走道上任何位置保持视觉连续。

8.3.5 除应符合现行国家标准《消防应急照明和疏散指示系统技术规范》GB 51309 中的相关规定外，城市综合体应采用集中控制型应急照明及疏散指示系统。消防应急照明和灯光疏散指示标志的备用电源连续供电时间不应小于 1.5 h。

8.3.6 除应符合现行国家标准《消防应急照明和疏散指示系统技术规范》GB 51309 中的相关规定外，应急照明配电箱或集中电源的输入及输出回路中不应装设剩余电流动作保护器，输出回路不应接入应急照明和疏散指示系统以外的开关装置、插座及其他负载。

8.3.7 含有不同业态或物业管理的城市综合体宜设置消防分控制室。

8.3.8 消防主(分)控制室应具有火灾自动报警及消防联动功能。

8.3.9 城市综合体应按照现行上海市工程建设规范《消防设施物联网系统技术标准》DG/TJ 08—2251 的要求设置消防物联网系统，并将监控信息实时传输至上海市消防大数据应用平台。

8.3.10 消防用电设备应采用专用回路供电，消防设备用房内消防附属用电设备的电源宜引自消防设备配电箱。

8.3.11 敷设在地下空间、垂直井道内带有消防负荷的 10 kV～35 kV 供电电源应采用阻燃耐火电缆，并满足持续供电 3.0 h 的要求。

8.3.12 消防负荷干线应采用耐火电线电缆或耐火母线槽。耐火电缆应具有不低于 B_1 级的燃烧性能。耐火电缆在电缆桥架内不宜有接头。

8.3.13 用于消防设备配电的耐火母线槽应满足持续供电 3.0 h 的要求，防护等级不低于 IP67，并通过现行国家标准《建筑构件耐火试验方法 第1部分：通用要求》GB/T 9978.1 及行业标准《母线干线系统(母线槽)阻燃、防火、耐火性能的试验方式》GA/T 537 的试验。

8.3.14 建筑物内线缆明敷时采用的导管、桥架，应选择燃烧性能不低于 B_1 级的难燃制品。在有可燃物闷顶和吊顶内敷设配电线路时，应采用不燃材料的导管或槽盒保护。消防用电设备的配电线路暗敷时，应穿管并敷设在不燃烧体结构内且保护层厚度不应小于 30 mm。消防用电设备的配电线路明敷时(包括敷设在吊顶内)，应穿金属管或封闭式金属线槽，并应采取防火保护措施。

8.3.15 非消防负荷电力电缆应符合下列规定：

1 建筑高度超过 100 m 的城市综合体，应选择燃烧性能为 B_1 级及以上、烟气毒性为 t_0 级、燃烧滴落物/微粒等级为 d_0 级的电线和电缆。

2 避难层(间)明敷的电线和电缆应选择燃烧性能为 B_1 级及以上、烟气毒性为 t_0 级、燃烧滴落物/微粒等级为 d_0 级的电线和 A 级电缆。

3 属于一类高层建筑的城市综合体，应选择燃烧性能为 B_1 级及以上、烟气毒性为 t_1 级、燃烧滴落物/微粒等级为 d_1 级的电线和电缆。

4 长期有人滞留的地下建筑应选择烟气毒性为 t_0 级、燃烧滴落物/微粒等级为 d_0 级的电线和电缆。

5 建筑物内水平和垂直布线电线和电源燃烧性能应一致。

8.3.16 火灾自动报警系统的报警总线，应选择燃烧性能为 B_1 级的电线和电缆；除暗敷的火灾自动报警系统报警总线外，其他消防线路应采用金属导管或耐火电缆槽盒保护。

8.4 消防应急救援通信系统

8.4.1 城市综合体应设置消防应急救援通信系统，系统的设置应符合相关标准的规定。

8.4.2 消防应急救援无线对讲通信系统应使用消防专用频率。

9　施工、调试与验收

9.1　一般规定

9.1.1　施工单位应对建筑工程使用的材料、设备和消防产品进行质量证明文件检查、一致性核查等进场验收，并应按规定进行抽样复验、见证取样检验。

9.1.2　进场验收不合格的产品或材料严禁在工程中使用；抽样复验、见证取样检验结果不合格的产品、材料，应加倍抽样。

9.2　施　工

9.2.1　防火门门框与门扇、门扇与门扇的缝隙处嵌装的防火密封件应牢固、完好。防火门门扇与门框的搭接尺寸不应小于12 mm。

9.2.2　防火卷帘、防护罩等与楼板、梁和墙、柱之间的空隙，应采用防火封堵材料等封堵，封堵部位的耐火极限不应低于防火卷帘的耐火极限。

9.2.3　防火封堵组件的防火、防烟和隔热性能不应低于封堵部位建筑构件或结构的防火、防烟和隔热性能要求，在正常使用和火灾条件下，应能防止发生脱落、移位、变形和开裂。

9.2.4　建筑防火封堵材料应根据封堵部位的类型、缝隙或开口大小以及耐火性能要求等确定，并应符合下列规定：

1　对于建筑缝隙，宜选用柔性有机堵料、防火密封胶、防火密封漆等及其组合。

2　对于环形间隙较小的贯穿孔口，宜选用柔性有机堵料、防火密封胶、泡沫封堵材料、阻火包带、阻火圈等及其组合。

3 对于环形间隙较大的贯穿孔口，宜选用无机堵料、阻火包、阻火模块、防火封堵板材、阻火包带、阻火圈等及其组合。

9.2.5 挡烟垂壁的安装应符合下列规定：

1 活动挡烟垂壁与建筑结构（柱或墙）面的缝隙不应大于60 mm；由2块或2块以上的挡烟垂帘组成的连续性挡烟垂壁，各块之间不应有缝隙，搭接宽度不应小于100 mm。

2 活动挡烟垂壁的手动操作按钮应固定安装在距楼地面1.3 m～1.5 m之间便于操作、明显可见处。

9.2.6 变形缝的填充材料和变形缝的构造基层应采用不燃材料。

9.2.7 除用于建筑物地下部分的室外进风和排风竖井外，机械加压送风系统和机械排烟系统应采用管道送风，且不应采用土建风道。管道应采用不燃材料制作且内壁应光滑。管道的厚度应符合现行国家标准《通风与空调工程施工质量验收规范》GB 50243的规定。

9.2.8 排烟风机宜设置在排烟系统的最高处，烟气出口宜朝上，并应高于加压送风机和补风机的进风口，二者垂直距离或水平距离应符合现行上海市工程建设规范《建筑防烟排烟系统设计标准》DG/TJ 08—88的规定。

9.2.9 风管的安装应符合下列规定：

1 风管的本体、框架与固定材料、密封垫料等必须为不燃材料，材料品种、规格、厚度及耐火极限等应符合设计要求和国家现行标准的规定。

2 风管接口的连接应严密、牢固，垫片厚度不应小于3 mm，不应凸入管内和突出法兰外。

3 当风管穿越隔墙或楼板时，风管与隔墙之间的空隙应采用水泥砂浆等不燃材料严密填塞。

4 当吊顶内有可燃物时，吊顶内的排烟管道应采用不燃材料隔热，并应与可燃物保持不小于 150 mm 的距离。

9.2.10 防烟、排烟系统柔性短管的制作材料必须为不燃材料。

9.2.11 排烟防火阀的安装应符合下列规定：

1 阀门应顺气流方向关闭，防火分区隔墙两侧的排烟防火阀距墙端面不应大于 200 mm。

2 应设独立的支、吊架，当风管采用不燃材料防火隔热时，阀门安装处应有明显标识。

9.2.12 常闭送风口、排烟阀或排烟口的手动驱动装置，应固定安装在明显可见且距楼地面 1.3 m～1.5 m 之间便于操作的位置，预埋套管不得有死弯及瘪陷，手动驱动装置应操作灵活。

9.2.13 消防水泵的安装应符合下列规定：

1 消防水泵吸水管上的控制阀应在消防水泵固定于基础上后再进行安装，其直径不应小于消防水泵吸水口直径，且不应采用没有可靠锁定装置的控制阀，控制阀应采用沟槽式或法兰式阀门。

2 当消防水泵和消防水池位于独立的两个基础上且相互为刚性连接时，吸水管上应加设柔性连接管。

3 当吸水管水平管段变径连接时，应采用偏心异径管件并应采用管顶平接。

4 消防水泵出水管上应安装消声止回阀、控制阀和压力表；系统的总出水管上还应安装压力表和压力开关；安装压力表时应加设缓冲装置。压力表和缓冲装置之间应安装旋塞阀；压力表量程在没有设计要求时，应为系统工作压力的 2 倍～2.5 倍。

9.2.14 消防水池和消防水箱安装施工，应符合下列规定：

1 消防水池和消防水箱出水管或水泵吸水管应满足最低有效水位出水不掺气的技术要求。

2 消防水池、消防水箱的溢流管、泄水管不应与生产或生活用水的排水系统直接相连，应采用间接排水方式。

9.2.15 消防水泵接合器的安装应符合下列规定：

1　消防水泵接合器的安装应按接口、本体、连接管、止回阀、安全阀、放空管、控制阀的顺序进行，止回阀的安装方向应使消防用水能从消防水泵接合器进入系统，整体式消防水泵接合器的安装应按其安装使用说明书进行。

2　消防水泵接合器永久性固定标志应能识别其所对应的消防给水系统；当有分区时，应有分区标识。

9.2.16　室内消火栓及消防软管卷盘或轻便水龙的安装应符合下列规定：

1　同一建筑物内设置的消火栓、消防软管卷盘和轻便水龙应采用统一规格的栓口、消防水枪和水带及配件。

2　试验用消火栓栓口处应设置压力表。

3　室内消火栓及消防软管卷盘和轻便水龙应设置明显的永久性固定标志；当室内消火栓因美观要求需要隐蔽安装时，应有明显的标志，并应便于开启使用。

4　消火栓栓口出水方向宜向下或与设置消火栓的墙面成90°角，栓口不应安装在门轴侧。

9.2.17　消火栓箱的安装应符合下列规定：

1　消火栓的启闭阀门设置位置应便于操作使用，阀门的中心距箱侧面应为140 mm，距箱后内表面应为100 mm，允许偏差为±5 mm。

2　消火栓箱门的开启不应小于120°。

9.2.18　消防给水系统干管与水灭火系统连接处应设置独立阀门，并应保证各系统独立使用。

9.2.19　消防给水系统减压阀的安装应符合下列规定：

1　减压阀水流方向应与供水管网水流方向一致。

2　减压阀前应安装过滤器。

3　减压阀前后应安装压力表。

9.2.20　自动喷水灭火系统管道支架、吊架的安装位置不应妨碍喷头的喷水效果；管道支架、吊架与喷头之间的距离不宜小于

300 mm，与末端喷头之间的距离不宜大于 750 mm。

9.2.21 各类电气管路明敷时，应采用单独的卡具吊装或支撑物固定，吊杆直径不应小 6 mm。

9.2.22 消防电气管路暗敷时，应敷设在不燃结构内，且保护层厚度不应小于 30 mm。

9.2.23 电气槽盒敷设时，应在下列部位设置吊点或支点，吊杆直径不应小于 6 mm：

1 槽盒始端、终端及接头处。

2 槽盒转角或分支处。

3 直线段不大于 3 m 处。

9.2.24 管路经过建筑物的沉降缝、伸缩缝、抗震缝等变形缝处时，应采取补偿措施，线缆跨越变形缝的两侧应固定，并应留有适当余量。

9.2.25 火灾自动报警系统、消防应急照明和疏散指示系统部件、设备及配件表面应无明显划痕、毛刺等机械损伤，紧固部位应无松动。

9.3 调 试

9.3.1 排烟防火阀的调试应符合下列规定：

1 进行手动关闭、复位试验，阀门动作应灵敏、可靠，关闭应严密。

2 模拟火灾，相应区域火灾报警后，同一防火分区内排烟管道上的其他阀门应联动关闭。

3 阀门关闭后的状态信号应能反馈到消防控制室。

4 阀门关闭后应能联动相应的风机停止。

5 应根据现行国家标准《建筑防烟排烟系统技术标准》GB 51251 附录中表填写记录。

9.3.2 常闭送风口、排烟阀或排烟口的调试应符合下列规定：

1　进行手动开启、复位试验，阀门动作应灵敏、可靠，远距离控制机构的脱扣钢丝连接不应松弛、脱落。

2　模拟火灾，相应区域火灾报警后，同一防火分区的常闭送风口和同一防烟分区内的排烟阀或排烟口应联动开启。

3　阀门开启后的状态信号应能反馈到消防控制室。

4　阀门开启后应能联动相应的风机启动。

9.3.3　机械加压送风系统风速及余压的调试应符合下列规定：

1　应选取送风系统末端所对应的送风最不利的3个连续楼层模拟起火层及其上、下层，封闭避难层（间）仅需选取本层，调试送风系统使上述楼层的楼梯间、前室及封闭避难层（间）的风压值及疏散门的门洞断面风速值与设计值的偏差不大于10%。

2　对楼梯间和前室的调试应单独分别进行，且互不影响。

3　调试楼梯间和前室疏散门的门洞断面风速时，设计疏散门开启的楼层数量应符合现行国家标准《建筑防烟排烟系统技术标准》GB 51251的规定。

9.3.4　机械排烟系统风速和风量的调试应符合下列规定：

1　应根据设计模式，开启排烟风机和相应的排烟阀或排烟口，调试排烟系统使排烟阀或排烟口处的风速值及排烟量值达到设计要求。

2　开启排烟系统的同时，还应开启补风机和相应的补风口，调试补风系统使补风口处的风速值及补风量值达到设计要求。

3　应测试每个风口风速，核算每个风口的风量及其防烟分区总风量。

9.3.5　机械加压送风系统的联动调试应符合下列规定：

1　当任何一个常闭送风口开启时，相应的送风机均应能联动启动。

2　与火灾自动报警系统联动调试时，当火灾自动报警探测器发出火警信号后，应在15 s内启动与设计要求一致的送风口、送风机，且其联动启动方式应符合现行国家标准《火灾自动报警系统设计规范》GB 50116 的规定，其状态信号应反馈到消防控制室。

9.3.6 机械排烟系统的联动调试应符合下列规定：

1 当任何一个常闭排烟阀或排烟口开启时，排烟风机均应能联动启动。

2 应与火灾自动报警系统联动调试。当火灾自动报警系统发出火警信号后，机械排烟系统应启动有关部位的排烟阀或排烟口、排烟风机；启动的排烟阀或排烟口、排烟风机应与设计和标准要求一致，其状态信号应反馈到消防控制室。

3 有补风要求的机械排烟场所，当火灾确认后，补风系统应立即启动。

4 排烟系统与通风、空调系统合用，当火灾自动报警系统发出火警信号后，由通风、空调系统转换为排烟系统的时间应符合现行国家标准《建筑防烟排烟系统技术标准》GB 51251 的规定。

9.3.7 消防水泵调试应符合下列规定：

1 以自动直接启动或手动直接启动消防水泵时，消防水泵应在 55 s 内投入正常运行，且应无不良噪声和振动。

2 以备用电源切换方式或备用泵切换启动消防水泵时，消防水泵应分别在 1 min 或 2 min 内投入正常运行。

3 消防水泵安装后应进行现场性能测试，其性能应与生产厂商提供的数据相符，并应满足消防给水设计流量和压力的要求。

4 消防水泵零流量时的压力不应超过设计工作压力的 140%；当出流量为设计工作流量的 150%时，其出口压力不应低于设计工作压力的 65%。

9.3.8 稳压泵应按设计要求进行调试，并应符合下列规定：

1 当达到设计启动压力时，稳压泵应立即启动；当达到系统停泵压力时，稳压泵应自动停止运行；稳压泵启停应达到设计压力要求。

2 应满足系统自动启动要求，且当消防主泵启动时，稳压泵应停止运行。

3 稳压泵在正常工作时每小时的启停次数应符合设计要求，且不应大于 15 次/h。

4 稳压泵启停时系统压力应平稳，且稳压泵不应频繁启停。

9.3.9 消火栓的调试应符合下列规定：

1 试验消火栓动作时，应检测消防水泵是否在本标准规定的时间内自动启动。

2 试验消火栓动作时，应测试其出流量、压力和充实水柱的长度，并应根据消防水泵的性能曲线核实消防水泵的供水能力。

3 应检查旋转型消火栓的性能是否满足其性能要求。

4 应采用专用检测工具，测试减压稳压型消火栓的阀后动静压是否满足设计要求。

9.3.10 消火栓灭火系统联锁试验应符合下列规定：

1 干式消火栓系统联锁试验，当打开 1 个消火栓或模拟 1 个消火栓的排气量排气时，干式报警阀(电动阀/电磁阀)应及时启动，压力开关应发出信号或联锁启动消防水泵，水力警铃动作应发出机械报警信号。

2 消防给水系统的试验管放水时，管网压力应持续降低，消防水泵出水干管上压力开关应能自动启动消防水泵；消防给水系统的试验管放水或高位消防水箱排水管放水时，高位消防水箱出水管上的流量开关应动作，且应能自动启动消防水泵。

9.3.11 报警阀调试应符合下列规定：

1 湿式报警阀调试时，在末端装置处放水，当湿式报警阀进口水压大于 0.14 MPa、放水流量大于 1 L/s 时，报警阀应及时启动；带延迟器的水力警铃应在 5 s～90 s 内发出报警铃声；不带延迟器的水力警铃应在 15 s 内发出报警铃声；压力开关应及时动作，启动消防泵并反馈信号。

2 干式报警阀调试时，开启系统试验阀，报警阀的启动时间、启动点压力、水流到试验装置出口所需时间，均应符合设计要求。

3 雨淋阀调试宜利用检测、试验管道进行。自动和手动方式启动的雨淋阀，应在 15 s 之内启动；公称直径大于 200 mm 的雨淋阀，应在 60 s 之内启动。雨淋阀调试时，当报警水压为 0.05 MPa 时，水力警铃应发出报警铃声。

9.3.12 火灾自动报警系统调试应包括系统部件功能调试和分系统的联动控制功能调试，并应符合下列规定：

1 应对系统部件的主要功能、性能进行全数检查，系统设备的主要功能、性能应符合国家现行标准的规定。

2 应逐一对每个报警区域、防护区域或防烟区域设置的消防系统进行联动控制功能检查，系统的联动控制功能应符合设计文件和现行国家标准《火灾自动报警系统设计规范》GB 50116 的规定。

9.3.13 火灾报警控制器、可燃气体报警控制器、电气火灾监控设备、消防设备电源监控器等控制类设备的报警和显示功能，应符合下列规定：

1 火灾探测器、可燃气体探测器、电气火灾监控探测器等探测器发出报警信号或处于故障状态时，控制类设备应发出声、光报警信号，记录报警时间。

2 控制器应显示发出报警信号部件或故障部件的类型和地址注释信息，且显示的地址注释信息应符合现行国家标准《火灾自动报警系统施工及验收标准》GB 50166 的要求。

9.3.14 消防应急照明和疏散指示系统调试应包括系统部件的功能调试和系统功能调试，并应符合下列规定：

1 对应急照明控制器、集中电源、应急照明配电箱、灯具的主要功能进行全数检查，应急照明控制器、集中电源、应急照明配电箱、灯具的主要功能、性能应符合现行国家标准《消防应急照明和疏散指示系统》GB 17945 的规定。

2 主要功能、性能不符合现行国家标准《消防应急照明和疏散指示系统》GB 17945 规定的系统部件应予以更换，系统功能不符合设计文件规定的项目应进行整改，并应重新进行调试。

9.3.15 集中控制型消防应急照明和疏散指示系统控制调试应使消防联动控制器与应急照明控制器等设备相连接，接通电源，使消防联动控制器处于自动控制工作状态。应根据系统设计文件的规定，对消防应急照明和疏散指示系统的控制功能进行检查并记录，系统的控制功能应符合下列规定：

1 应使报警区域内任 2 个火灾探测器，或 1 个火灾探测器和 1 个手动火灾报警按钮发出火灾报警信号。

2 火灾报警控制器的火警控制输出触点应动作，或消防联动控制器应发出相应联动控制信号，点亮启动指示灯。

3 应急照明控制器应按预设逻辑控制配接的消防应急灯具光源的应急点亮、系统蓄电池电源的转换。

4 消防联动控制器应接收并显示应急照明控制器应急启动的动作反馈信号，显示设备的名称和地址注释信息，且控制器显示的地址注释信息应符合现行国家标准《火灾自动报警系统施工及验收标准》GB 50166 的规定。

5 消防控制器图形显示装置应显示火灾报警控制器的火灾报警信号、消防联动控制器的启动信号、受控设备的动作反馈信号，且显示的信息应与控制器的显示一致。

9.3.16 非集中控制型消防应急照明和疏散指示系统控制调试应使火灾报警控制器与应急照明集中电源、应急照明配电箱等设备相连接，接通电源。应根据设计文件的规定，对消防应急照明和疏散指示系统的应急启动控制功能进行检查并记录，系统的应急启动控制功能符合下列规定：

1 应使报警区域内任 2 个火灾探测器，或 1 个火灾探测器和 1 个手动火灾报警按钮发出火灾报警信号。

2 火灾报警控制器的火警控制输出触点应动作，控制系统蓄电池电源的转换、消防应急灯具光源的应急点亮。

9.3.17 根据消防物联网监测要求，模拟一起火灾报警，物联网用户信息装置在10 s内按照规定的通信协议和数据格式将信息通过报警传输网络传输到消防设施物联网数据应用平台。

9.4 验 收

9.4.1 消防系统竣工后，建设单位应组织施工、设计、监理等单位进行系统自验收。

9.4.2 消防系统检测、验收时，应对施工单位提供的下列资料进行齐全性和符合性检查，并根据国家现行标准的相关要求填写检查记录：

1 竣工验收申请报告、设计变更通知书、竣工图。

2 工程质量事故处理报告。

3 施工现场质量管理检查记录。

4 系统安装过程质量检查记录。

5 系统部件的现场设置情况记录。

6 系统控制逻辑编程记录。

7 系统调试记录。

8 系统部件的检验报告、合格证明材料。

9.4.3 自动喷水灭火系统、消火栓系统、防烟排烟系统、火灾自动报警系统、气体灭火系统、防火卷帘系统、消防应急照明和疏散指示系统及其他相关系统的联动控制功能检测、验收应在各系统功能满足现行相关国家技术标准和系统设计文件规定的前提下进行。

9.4.4 消防物联网系统的检查、验收应按现行上海市工程建设规范《消防设施物联网系统技术标准》DG/TJ 08—2251规定的检查内容和方法进行。

10 使用与维护

10.1 一般规定

10.1.1 消防控制室应具有下列文件资料：

1 检测、验收合格资料。

2 建(构)筑物竣工后的总平面图、建筑消防系统平面布置图、建筑消防设施系统图及安全出口布量图、重点部位位置图、危化品位置图。

3 消防安全管理规章制度、灭火预案、应急疏散预案。

4 消防安全组织机构图,包括消防安全责任人、管理人以及专职、义务消防人员。

5 消防安全培训记录、灭火和应急疏散预案的演练记录。

6 值班情况、消防安全检查情况及巡查情况的记录。

7 火灾自动系统设备现场设置情况记录。

8 消防系统联动控制逻辑关系说明、联动编程记录、消防联动控制器手动控制单元编码设置记录。

9 系统设备使用说明书、系统操作规程、系统和设备维护保养制度。

10.2 使用期间防火

10.2.1 城市综合体的实际使用功能应与设计功能一致。经过特殊消防设计的城市综合体,应严格落实特殊消防设计文件要求。

10.2.2 建筑的外部装修和户外广告牌的设置,不应妨碍建筑外部的消防救援活动和火灾时建筑的排烟与排热，不应遮挡或减小消防救援门窗洞口。

10.2.3 消防车通道、消防车登高操作场地不得设置构筑物、停车泊位、固定隔离桩等障碍物。

10.2.4 中庭、有顶棚的步行街、自动扶梯下方、扩大封闭楼梯间等不应布置商铺、游乐设施或者堆放可燃物。

10.2.5 防火卷帘门两侧各 0.3 m 范围内不得放置物品，并应用黄色标识线划定范围。

10.2.6 消防系统应保持连续正常运行，不得随意中断。

10.2.7 建筑面积大于 100 000 m^2 的城市综合体，其任一层建筑面积大于 10 000 m^2 的城市综合体，应在该层设置 1 处消防器材存放点。消防器材存放点宜设置在消防电梯前室或安全出口附近。

10.3 维 护

10.3.1 建筑防烟、排烟系统应制定维护保养管理制度及操作规程，并应保证系统处于准工作状态。维护管理记录应按现行国家标准《建筑防烟排烟系统技术标准》GB 51251 的要求填写。

10.3.2 自动喷水灭火系统、消防给水及消火栓系统应有管理、检查检测、维护保养的操作规程，并应保证系统处于准工作状态。

10.3.3 对防烟、排烟风机、活动挡烟垂壁、自动排烟窗进行功能检测，检查方法应符合现行国家标准《建筑防烟排烟系统技术标准》GB 51251 的规定。

10.3.4 消火栓灭火系统中水源的维护应符合下列规定：

1 每季度应监测市政给水管网的压力和供水能力。

2 每月应对消防水池、高位消防水池、高位消防水箱等消防水源设施的水位等进行 1 次检测；消防水池（箱）玻璃水位计两端的角阀在不进行水位观察时应关闭。

3 在冬季，应每天对消防储水设施进行室内温度和水温检测；当储水结冰或室内温度低于 5 ℃时，应采取确保储水不结冰和室温不低于 5 ℃的措施。

10.3.5 消防水泵和稳压泵等供水设施的维护应符合下列规定：

1 每月应手动启动消防水泵运转 1 次，并应检查供电电源的情况。

2 每周应模拟消防水泵自动控制的条件自动启动消防水泵运转 1 次，且应自动记录自动巡检情况，每月应检查记录。

3 每日应对稳压泵停泵启泵压力和启泵次数等进行检查和记录运行情况。

4 每日应对柴油机消防水泵的启动电池的电量进行检测，每周应检查储油箱的储油量，每月应手动启动柴油机消防水泵运行 1 次，并做好相应记录。

5 每季度应对消防水泵的出流量和压力进行 1 次试验，并做好相应记录。

6 每月应对气压水罐的压力和有效容积等进行 1 次检测，并做好相应记录。

10.3.6 减压阀的维护应符合下列规定：

1 每月应对减压阀组进行 1 次放水试验，并应检测和记录减压阀前后的压力；当不符合设计值时，应采取满足系统要求的调试和维修等措施。

2 每年应对减压阀的流量和压力进行 1 次试验。

10.3.7 每季度应对消火栓、消防水泵接合器进行 1 次外观和漏水检查，发现有不正常的消火栓应及时更换。

10.3.8 每年应对系统过滤器进行至少 1 次排查，并应检查过滤器是否处于完好状态；当堵塞或损坏时，应及时检修。

10.3.9 每年应检查消防水池、消防水箱等蓄水设施的结构材料是否完好，当发现问题时应及时处理。

10.3.10 消火栓、消防水泵接合器、消防水泵房、消防水泵、减压阀、报警阀和阀门等，应设有明确的标识。

10.3.11 自动喷水灭火系统各阀门、喷头、消防水池、消防水箱及消防气压给水设备，应每月检查1次，启动运转1次消防水泵。

10.3.12 自动喷水灭火系统所有的末端试水阀和报警阀旁的放水试验阀，应每3个月进行1次放水试验，检查系统启动、报警功能以及出水情况是否正常。

10.3.13 自动喷水灭火系统水源的供水能力应每年进行1次测定。

10.3.14 火灾自动报警系统应按现行国家标准《火灾自动报警系统施工及验收标准》GB 50166 规定的巡查项目和内容进行日常巡查，巡查的部位、频次应符合现行国家标准《建筑消防设施的维护管理》GB 25201 的规定。

10.3.15 火灾自动报警系统设备的维修、保养及系统产品的寿命应符合现行国家标准《火灾探测报警产品的维修保养与报废》GB 29837 的规定，达到寿命极限的产品应及时更换。

10.3.16 每年应按现行国家标准《火灾自动报警系统施工及验收标准》GB 50166 的检查项目、数量对系统设备的功能、各分系统的联动控制功能进行检查。

10.3.17 消防应急照明和疏散指示系统应按现行国家标准《消防应急照明和疏散指示系统技术标准》GB 51309 附录规定的巡查项目和内容进行日常巡查，巡查的部位、频次应符合现行国家标准《建筑消防设施的维护管理》GB 25201 的规定，并记录。巡查过程中发现设备外观破损、设备运行异常时，应立即报修。

10.3.18 消防应急照明和疏散指示系统应按规定的巡查项目和内容进行日常巡查，巡查的部位、频次应符合现行国家标准《建筑消防设施的维护管理》GB 25201 的规定，并按现行国家标准《消防应急照明和疏散指示系统技术标准》GB 51309 的规定填写记录。

10.3.19 消防物联网系统单位应按现行上海市工程建设规范《消防设施物联网系统技术标准》DG/TJ 08—2251 的规定进行定期的检查和测试。

本标准用词说明

1　为便于在执行本标准条文时区别对待，对要求严格程度不同的用词说明如下：

1）表示很严格，非这样做不可的用词：
正面词采用"必须"；
反面词采用"严禁"。

2）表示严格，在正常情况下均应这样做的用词：
正面词采用"应"；
反面词采用"不应"或"不得"。

3）表示允许稍有选择，在条件许可时首先应这样做的用词：
正面词采用"宜"；
反面词采用"不宜"。

4）表示有选择，在一定条件下可以这样做的用词，采用"可"。

2　条文中指明应按其他有关标准执行时的写法为"应符合……的规定"或"应按……执行"。

引用标准名录

1 《建筑构件耐火试验方法　第1部分:通用要求》GB/T 9978.1
2 《消防安全标志》GB 13495
3 《消防应急照明和疏散指示系统》GB 17945
4 《减压型倒流防止器》GB/T 25178
5 《建筑消防设施的维护管理》GB 25201
6 《火灾探测报警产品的维修保养与报废》GB 29837
7 《建筑设计防火规范》GB 50016
8 《汽车库、修车库、停车场设计防火规范》GB 50067
9 《自动喷水灭火系统设计规范》GB 50084
10 《火灾自动报警系统设计规范》GB 50116
11 《建筑灭火器配置设计规范》GB 50140
12 《火灾自动报警系统施工及验收标准》GB 50166
13 《建筑内部装修设计防火规范》GB 50222
14 《通风与空调工程施工质量验收规范》GB 50243
15 《消防给水及消火栓系统技术规范》GB 50974
16 《建筑防排烟系统技术标准》GB 51251
17 《消防应急照明和疏散指示系统技术标准》GB 51309
18 《双止回阀倒流防止器》CJ/T 160
19 《建筑消防设施检测技术规程》GA 503
20 《母线干线系统(母线槽)阻燃、防火、耐火性能的试验方式》GA/T 537
21 《仓储场所消防安全管理通则》GA 1131
22 《低阻力倒流防止器》JB/T 11151

23 《建筑防排烟系统设计标准》DG/TJ 08—88
24 《民用建筑电气防火设计规程》DGJ 08—2048
25 《消防设施物联网系统技术标准》DG/TJ 08—2251

上海市工程建设规范

城市综合体消防技术标准

DG/TJ 08—2408—2022
J 16609—2022

条 文 说 明

2023　上海

目　次

Contents

1 总 则

1.0.2 其他民用建筑的防火设计在技术条件相同时可参考执行。

2 术 语

2.0.1 本条明确了城市综合体的定义。城市综合体是集购物、住宿、餐饮、娱乐、展览、交通枢纽等2种及以上功能为一体的建筑或建筑群,本标准在计算城市综合体建筑面积时,不包含与城市综合体组合建造的住宅,办公建筑和地下车库部分。这种在同一栋建筑或建筑群内多种功能并存的综合性运作模式,对建筑内的人员安全疏散、消防救援、建筑消防设施设置等防火设计造成影响。

2.0.2 条文中指的短边为围合形成中庭空间的多边形中的最小短边。

3 基本规定

3.0.2 本条规定了城市综合体装饰装修防火的禁止性要求。装饰装修不能为追求装修效果而擅自减少安全出口、疏散出口和疏散走道的宽度和数量，或改变疏散通道的走向、位置，擅自拆改消防设施；不应随意增减防火隔墙或改变防烟分区，而不考虑原消防设施的作用范围；不应把消火栓箱门、灭火器罩在木柜里面或使消火栓箱的表面颜色与墙体没有明显区别；不应遮挡消防救援门窗洞口、排烟口、消防标志、疏散指示标志和疏散照明等。为保证消防设施、疏散指示标志和疏散照明的使用功能，装饰装修必须满足以下要求：不影响人员疏散、不影响消防设施的正常使用；能保证疏散指示标志和疏散出口易于辨认；能避免人员在紧急情况下发生视线混淆、迟疑和误解。

4 总平面布局

4.1 一般规定

4.1.1 与市政道路的连通口数量，是考虑从城市的不同道路快速进入基地内进行消防救援，同时还需要满足从基地内向外疏散的需求。

4.1.2 考虑到城市综合体本身就是多功能的大型人员密集场所，故不宜与其他建筑贴邻建造，必须贴邻时，需要采取严格的防火分隔措施。

4.2 消防车道和消防车登高操作场地

4.2.1 环形道路便于消防车从不同方向迅速接近火场，并有利于消防车的调度。消防车道与建筑外墙的距离，既要考虑消防车安全通行的需要，也要考虑消防救援作业的需要。考虑到消防救援作业的需要，规定了消防车道与建筑和建筑疏散出入口的距离。

4.2.2 城市综合体由于面积较大且功能多样，消防救援应首选在基地内，避免利用城市道路进行救援时受市政设施的影响和阻碍；当基地内救援条件确实无法满足，只能利用市政道路设置消防车道时，需要对市政道路上的市政设施提出要求，以确保在火灾情况下救援能顺利展开。妨碍消防车操作的障碍物主要有高度大于 5 m 的树木（应考虑树木的生长情况）、架空管线等。

4.2.3 城市综合体体量大，往往过火面积也大，发生火灾时需要调集的消防车和消防救援人员数量较多。如 2016 年四川省某市某商贸城火灾，商贸城总建筑面积 9.04 万 m^2，过火面积 5.1 万 m^2，接到报警后，市消防救援支队立即调派 42 辆消防车、168 名消防指战员到场处置，省消防救援总队也先后调集 182 辆消防车、839 名消防指战员增援，后期应急管理部消防救援局又调派重庆市消防救援总队 29 辆消防车、254 名消防指战员增援。根据应急管理部消防救援局下发的《消防救援局关于印发大型商业综合体消防救援工作指南的通知》(应急消〔2021〕73 号)要求，城市综合体建筑面积在 10 万 m^2～50 万 m^2 的，支队至少组建 1 个消防救援编队；建筑面积在 50 万 m^2 以上的，支队至少组建 2 个消防救援编队。消防救援编队包括通信指挥、火情侦察、疏散救人、设施应用、灭火攻坚、举高喷射、破拆排烟、安全管控和战勤保障等 9 个基本作战单元，配备有登高平台消防车(云梯消防车)、举高喷射消防车、排烟消防车、抢险救援消防车等 22 辆各型消防车和 1 套远程供水系统，提高消防车道的宽度，有利于众多消防车辆和消防救援人员到场后有足够的场地展开消防救援行动和调度。城市综合体消防车道的宽度参考了现行上海工程建设规范《建筑工程交通设计及停车库(场)设置标准》DG/TJ 08—7 关于基地内部“公共建筑基地内部供大型车通行的道路宽度不应小于 6.5 m”规定。考虑到城市综合体的建筑体量，统一将消防车道转弯半径按大型消防车设置，设计时还应根据城市综合体的建筑高度，参考本标准表 1 本市常见举高类消防车参数来确定转弯半径。

4.2.4 本条考虑到救援时消防车的实际操作的情形，补充了在某些特殊条件下的回车场地形式，做法可参考图 1。

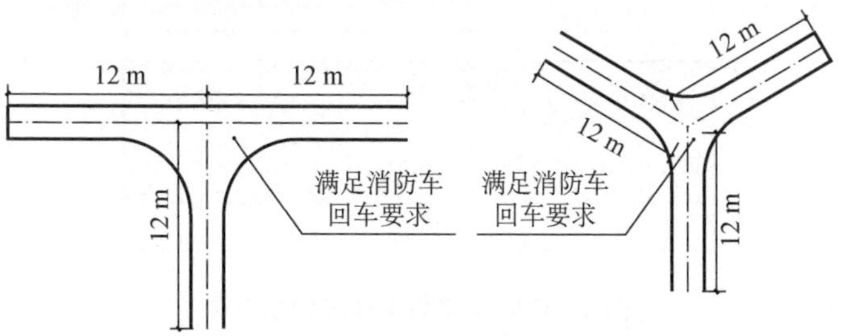

图 1　不规则的消防回车场地

4.2.5 当有多个疏散楼梯间(含地上和地下楼梯间)、避难走道、首层通过供消防车通行的中间穿过式通道直通室外时,通道内供人员疏散的宽度按本标准第 4.2.6 条计算。

4.2.7 由于城市综合体的多功能特性,总平面上的登高操作场地虽然已满足规范的最低要求,但若各功能区域之间无法连通时,在这种情况下为了提高消防救援效率,需要在其他功能区域的防火分区对应的室外场地增设登高救援场地(可按照该功能区的建筑高度确定最小登高操作场地的尺寸),如图 2 所示。

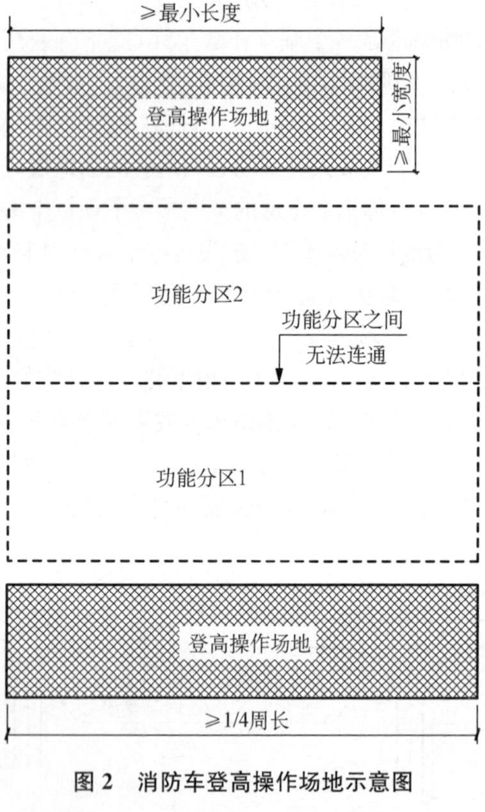

图 2 消防车登高操作场地示意图

4.2.8 由于城市综合体体量较大，特别是一些超高层的综合体建筑，要求登高救援场地要达到其周长的1/3，并且设置在两个不同的方向，这将导致地下车库出入口无法避开登高救援场地的情况。本条针对这类情况采用一些加强措施，如图3所示，以确保登高救援场地不受地下车库开口的影响。自动喷水灭火系统按轻危险等级设计。

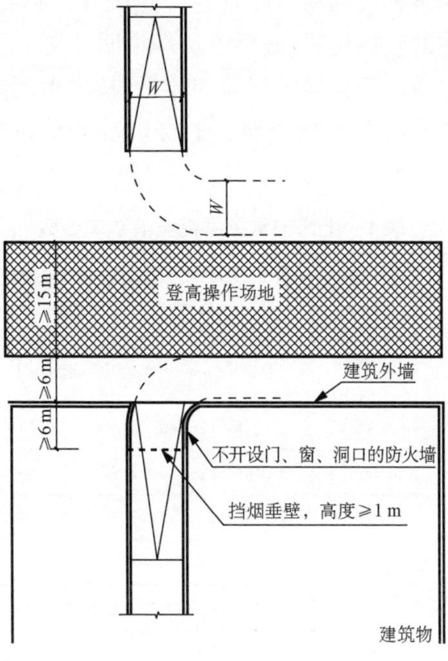

图3 消防车登高操作场地示意图

4.2.9 消防救援人员进入建筑到达着火区的主要通道，其设置位置应便于消防救援人员安全出入。该出入口的设置还需要结合消防电梯的设置情况综合考虑。

4.2.10 设置消防救援门窗洞口，在于方便火灾时消防救援人员安全快速进入建筑实施消防救援。对于无人员活动、无火灾危险的结构转换层、技术夹层可不设消防救援门窗洞口，但对其他管线夹层和有火灾危险的技术夹层，仍应按规定设置消防救援门窗洞口。公共区域可利用公共卫生间、楼梯间及前室的开口。供消防救援人员进入的门应满足疏散门的有关要求。

消防救援窗洞口的玻璃应易于破碎，不得选用夹层或夹胶玻璃及超厚的钢化玻璃，优先采用不大于 8 mm 厚的钢化玻璃，经试验比较证明该种玻璃易击碎且易受热破碎。必要时，在标志上还应标明具体的破拆位置、破拆方法等说明性文字。

4.2.11 根据城市综合体的规模和体量，按大型消防车的要求设置消防车道和消防车登高场地。上海市常见举高类消防车的参数见表 1。

表 1 上海市常见举高类消防车参数

序号	车型品牌	举升高度（m）	外观尺寸（长×宽×高）（mm）	车辆自重（t）	转弯半径（m）
1	森田	56	11 990×2 500×3 998	27.5	11.3
2	三一	48	13 700×2 540×3 950	40.25	13.3
3	三一	56	12 000×2 540×3 970	42.2	13.3
4	威马	45	10 000×2 550×3 800	25	11
5	威马	52	11 750×2 550×3 800	26.5	12
6	马基路斯	53.3	10 400×2 500×4 180	26.1	12
7	博浪涛	78	15 700×2 500×4 000	46	12.5
8	博浪涛	90	15 900×2 500×4 000	48.7	12.5
9	博浪涛	101	16 900×2 500×4 000	61.3	12.7

调研中发现，少数地方采用了所谓的隐形消防车道，其道路的基层满足承载能力，但上部采用局部种植草坪、植草格、铺鹅卵石或设置较浅的景观水面等非硬质铺装的做法。隐形消防车道救援现场辨识度低，承载力无法满足重型消防车的要求，不得用

于城市综合体。

4. 2. 13 考虑到综合体建筑四周道路的复杂性，增加相关消防的标识，如图 4～图 6 所示。

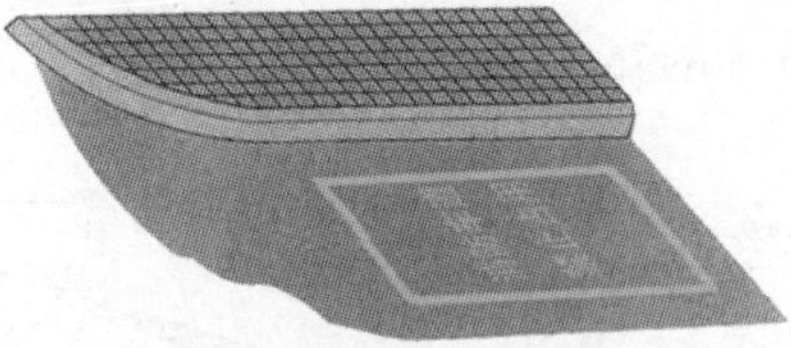

图 4 消防车道路侧禁停标线及路面警示标志

图 5 消防车通道出入口禁停标线及路面警示标志

图 6 消防车通道禁止占用警示牌

4.3 防火间距

4.3.1 本条是针对某些特殊情况，对现行国家标准《建筑设计防火规范》GB 50016 的补充，具体做法见图 7。

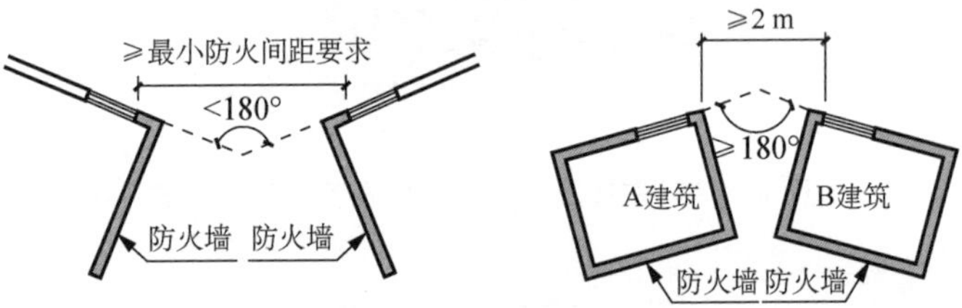

图 7 防火间距示意图

4.3.2 城市综合体中会有较多不同功能的建筑，有的融合在一起，也有的通过连廊进行连接。此条便是针对各栋建筑通过连廊进行连接时所应采取的消防措施，以防止火灾时的火势和烟气通过连廊蔓延到相邻建筑。

“连廊、天桥”包括敞开、半敞开和封闭的连廊和天桥。大部分连廊可以视为独立的建筑。对于无围护结构、自然通风良好的连廊，可不划分防火分区；但与建筑内部空间紧密联系的有围护结构的连廊，属于建筑内的一部分，应与相邻区域共同划分防火分区或独立划分防火分区。

另外，应注意的是，如果两栋建筑各自疏散宽度都不足，中间用连廊相连（连廊无可燃物，也无疏散楼梯），通向连廊的门不得作为安全出口互相借用。

4.3.3 本条的具体做法见图 8。

4.3.4 本条的具体做法见图 9。

4.3.5 城市综合体此类情况较多，现行国家标准《建筑设计防火规范》GB 50016 在其条文说明中有提及，这里重点强调并增加了水平距离的要求，具体做法见图 10。

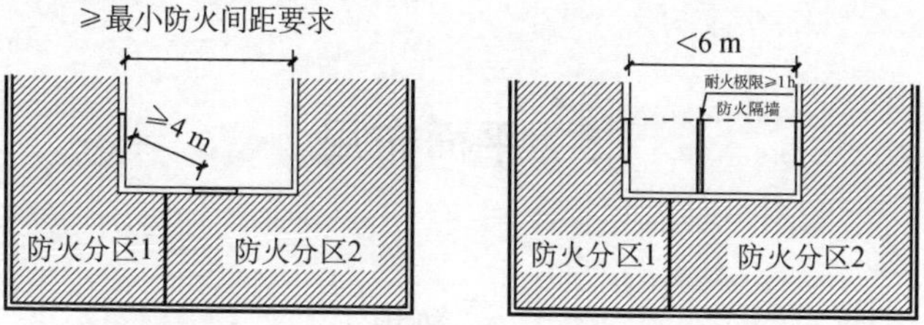

图 8　防火间距示意图

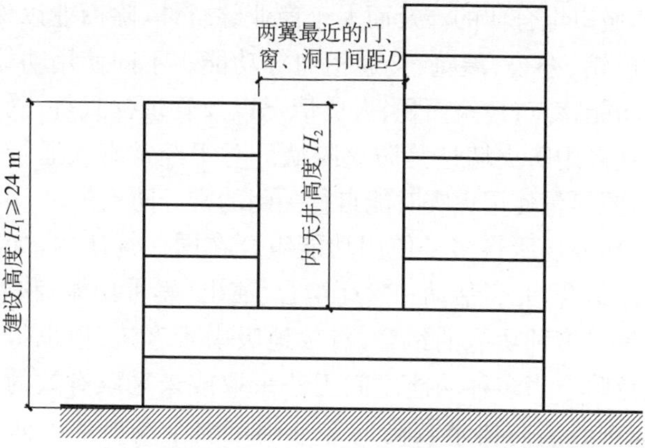

当 $H_2 > 24$ m时，$D \geqslant 13$ m；当 $H_2 \geqslant 24$ m时，$D \geqslant 6$ m

图 9　防火间距示意图

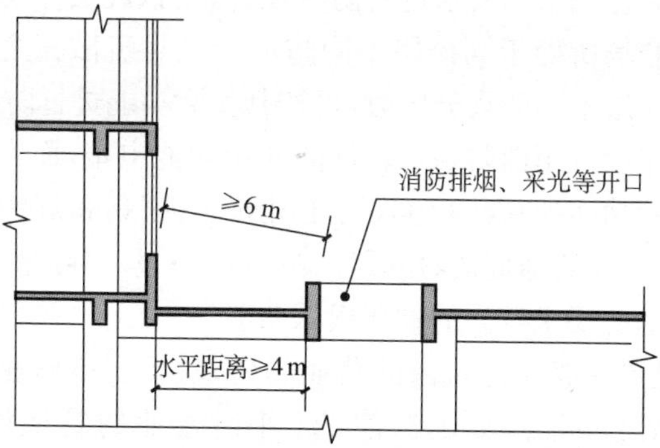

图 10　建筑屋顶和地下室顶板开口设置

5 平面布局

5.1 一般规定

5.1.1 城市综合体的涉及面大于商业综合体，除商业以外，还可能包含旅馆、办公、展览、交通枢纽等功能。不同使用功能之间，应根据功能特点、建筑面积、人员情况以及管理模式等，确定防火分隔措施采用防火墙还是防火隔墙。对于经常有人通行的走道上的门，要尽量使用火灾时能自行关闭的常开防火门。

5.1.2 部分场所将多种使用功能组合在同一场所内，如小型剧场和餐厅组合，儿童活动和餐厅组合，演出（娱乐功能）和酒吧、餐厅组合等。多种功能的组合，有效地吸引了客流，但也带来了新的火灾危险。当多种功能之间无法采取或未采取有效的防火分隔时，应按照消防要求较高的部分确定整个场所的消防安全要求。如：歌舞娱乐放映游艺场所内设置配套营业用房（办公、卫生间、仓储和建筑面积不超过 100 m^2 的小卖部等除外），应按歌舞娱乐放映游艺场所的要求进行防火设计；当该配套用房与歌舞娱乐放映游艺场所处于同楼层不同防火分区且疏散完全独立或者处于不同楼层不同防火分区时，可按其实际功能进行防火设计。

避免建设方用消防要求较低的使用功能申报，而实际按消防要求较高的功能使用。比如，用建材商店、家具和灯饰展示功能申报，实际用作普通商店；用餐厅、咖啡厅申报，实际带有演出、卡拉 OK 等消防要求较高的歌舞娱乐功能。

5.1.3 设置在商业建筑内的营业场所，对于主体商业营业结束后仍需对外经营的，如电影院、24 小时营业的餐饮场所、歌厅（KTV）等，其安全疏散不应受主体商业和其他营业场所停止营业的影响，并应确保疏散畅通。

5.1.4 为保证城市综合体与交通转运空间之间的联系安全、有序、便捷，本条参考了 2019 年《天津市城市轨道交通工程防火设计导则》。此处所指的防火防烟的缓冲空间应具备一定的规模，并应为能阻隔火灾及烟气蔓延的非燃化空间。首选采用用于疏散的净面积不小于 169 m^2 的下沉式广场等室外开敞空间，这样的空间更有利于消防救援。其次为防火隔间，但不得采用防烟楼梯前室连通。

5.1.5 商业综合体与汽车库为两种不同性质的建筑，当二者合建时，不能与同层商业设施直接开门连通，应通过不燃化的防火防烟缓冲空间相连通。确有困难时，该防火防烟缓冲空间可不设置防烟设施。

此外，当商业综合体与汽车库之间确需垂直连通时，不得设置中庭上、下贯通；当确需采用自动扶梯、开敞楼梯连通时，应采取防火分区的防火分隔方式来防止火灾及烟气的蔓延。

5.1.7 当消防车登高操作场地设置在地下层或其他楼层时，消防控制室可以布置在此楼层登高操作场地一侧的外墙，并应直通室外。

5.1.8 本条规定了城市综合体内燃气使用场所的布置要求。可燃气体使用场所要防止燃气泄漏所产生的危害，要通过合理的布置来保证其具有良好的直接对外的通风条件，防止可燃气体、蒸气在建筑内积聚，避免对相邻区域产生更大的危害，并要便于事故处理和消防救援。

5.1.9 虽然瓶装的白酒、食用油可以按照丙类火灾危险性考虑，但酒精度等于或大于 38°的白酒、香水类化妆品含有多种易燃易挥发的化学品、可燃气体，均属火灾危险性高的易燃物质。而城市综合体是人员集中的场所，要防止在综合体内引发火灾或爆炸事故。

5.2 防火单元和防火分隔设施

5.2.1 考虑城市综合体地下、半地下营业空间面积有超过 20 000 m^2 的趋势，下沉式广场这类开放空间有利于人员疏散和消防救援，也是最为有效的防止相邻空间烟气积聚、阻止火灾蔓延防火的分隔措施。因此，下沉式广场要尽量多设置并设置在人员密集、便于疏散的位置。当总建筑面积大于 10 000 m^2 时，应设置至少一处下沉式广场；总建筑面积大于 20 000 m^2 时，每个小于 20 000 m^2 的区域均应设置一处下沉式广场。两个相邻的区域之间可以共用一个下沉式广场。

5.2.2 由于地下消防扑救条件较差，商业综合体有连片建设的趋势，有时会采用错层或斜板停车模式，将车库上、下连成整体。参照《浙江省消防技术规范难点问题操作技术指南（2020 版）》第 3.1.2 条，强调地下汽车库同一层停车区域建筑面积大于 50 000 m^2 时，应分隔成若干个停车区域，每个停车区域的建筑面积不宜大于 20 000 m^2。

5.2.3 建筑内游泳池、消防水池的水面面积、溜冰场的冰面面积、滑雪场的雪面面积，火灾危险性很低，为更好地发挥建筑的效能，在计算其所在防火分区的最大允许建筑面积时，可以扣除，但其人员安全疏散仍应符合规定。

若溜冰场的冰面、滑雪场的雪面不仅仅作为滑道，而是作为戏冰区或戏雪区使用，当其设置有较多的易燃、可燃游艺设施、装饰物等时，因存在一定的火灾风险并影响人员疏散，则仍然应计入防火分区面积。对于开敞式外走廊、外阳台，可按其建筑面积的一半计入防火分区面积，但其人员安全疏散仍应符合规定。

5.2.4 为保证城市综合体的消防安全，参照现行国家标准《汽车库、修车库、停车库设计防火规范》GB 50067（该规范仅要求地下车库楼板提高耐火等级），考虑综合体停车库不局限于地下，故对于停车数量大于500辆的大型车库和城市交通枢纽站，进一步强调不同功能之间采用防火墙和耐火极限不低于2.00 h的楼板(含顶板)分隔。

5.2.5 与下沉式广场相邻的防火分区具有较好的人员疏散及消防救援的条件。本条明确了与下沉式广场相邻的防火分区可按地上防火分区进行设计的要求。对于下沉式广场，应满足消防车救援操作的需要，与下沉式广场相邻的防火分区超过70%的人员可通过下沉式广场疏散，且疏散至下沉式广场的疏散距离不超过相关规范的要求，以具有与室外地面接近的安全疏散条件。在满足本条规定的情况下，直接通向下沉式广场的防火分区可按地上一层防火分区进行防火设计，且单个防火分区的最大允许建筑面积不应大于2 500 m^2；当设置自动灭火系统时，单个防火分区的最大允许建筑面积可增加1.0倍。

5.2.6 此类场所内的一个厅(室)，当具备良好的自然通风或排烟条件以及良好的安全疏散条件时，其建筑面积可适当增加。

5.2.7 考虑地下建筑消防救援难度远大于地上建筑，当城市综合体内的地下层与地上层通过设置自动扶梯、敞开楼梯等连通时，由于地上与地下防火分区标准不一致，故防火分区面积应不超过地下层相应使用功能防火分区的最大允许建筑面积，否则应按防火分区之间的防火分隔方式对开口部位进行可靠的防火分隔。

5.2.8 防火隔间是用于分隔两个不同防火区域的联系与过渡空间，作为替代建筑内部空间断开分离的防火措施之一，具备较高的防火性能，平时用于人员通行，火灾时关闭且不用于人员疏散。因此，防火隔间的门的开启方向和净宽度没有要求，通向防火隔间的门也不是安全出口，这些门的开启方向和净宽度只需要满足方便所在场所人员正常使用要求即可，但要考虑防火门的宽度能有利于安装、人员通行和火灾时能及时关闭。由于防火卷帘的可靠性较平开防火门低得多，故防火隔间的墙上除设置甲级防火门外，不应采用防火卷帘或开设其他任何洞口。防火隔间为人员经常通行的地方，隔间墙上的门应尽量采用火灾时能自行关闭的常开防火门，并错开、不正对设置。同时，考虑防火隔间防火的重要性和实体防火隔墙相较甲级防火门更可靠，应尽量减少防火隔间每侧墙上的开门数量。

5.2.9 侧向或水平封闭式防火卷帘，具有运行速度慢、断电情况下无法实现自重释放、关闭后如果断电几乎无法开启等不利因素，影响对火灾区域的有效控制，也不符合现行国家标准《建筑设计防火规范》GB 50016 中"防火卷帘应具有火灾时靠自重自动关闭功能"的要求。折叠提升式防火卷帘在部分工程案例中用于大跨度安装、异形安装和不同标高安装，但由于受限于当前的试验条件，折叠提升式防火卷帘在进行产品认证型式试验时无法以全尺寸对试件及其所有零部件进行检测，现行国家标准《门和卷帘耐火试验方法》GB/T 7633 对试验结果的直接应用范围作出了"卷帘总成的结构应当和试验的结构相同"的规定，因此也导致部分折叠提升式防火卷帘产品即使获得了产品认证证书，但在实际使用时会受到诸多限制。选用该类防火卷帘时，要充分考虑其产品质量，卷帘滚轴同步运行性能、驱动电机的设置是否合理、滚轴装置与牵引钢丝绳的承载力选型等情况，以及施工质量、日常维护保养等因素。

5.3 特殊使用功能

5.3.1 巨幕影院的屏幕具有更宽、更大的特点，有巨幕形式如 IMAX 屏幕宽 22 m、高 16 m，也有更大的球幕形式。该影厅一般既跨越多个楼层，也会容纳更多的观影人员，因此为保证人员疏散安全，其疏散应采用独立疏散方式，不应与其他观众厅合用疏散通道。若受现场条件限制，其他观众厅可参考执行。

当本条第 3 款符合本标准第 5.2.7 条所规定的情形时，可按第 5.2.7 条执行。第 4 款所规定的座位数也可相应放宽。设置自动喷水灭火系统时，本条规定中的疏散距离均可增加 25%。

5.3.2 本标准中的儿童活动、儿童照料场所是指用于12周岁及以下婴幼儿和少儿活动的场所，包括儿童游乐厅、儿童乐园、儿童培训班、早教中心、托育托幼等儿童游乐、学习和培训等活动的场所，该类场所的特点是儿童集中参加集体活动，场所仅有少量的管理人员。由于此类区域主要为儿童独立活动，同时管理人员一般少于儿童数量，规定其除应符合现行国家标准《建筑设计防火规范》GB 50016 中的相关规定外，还应至少有1处公共区域能靠外墙，并强调在其公共区域外墙设置有消防救援窗口。同时，根据现行国家标准《建筑设计防火规范》GB 50016 的相关规定，该场所应与其他场所进行防火分隔，且为强制性条文，即要求在防火隔墙上尽量不要开口，如确需开口，仅允许设置甲级或乙级防火门、窗，而不允许采用防火卷帘或防火分隔水幕等方式进行分隔。

对于任一层或任一防火分区内建筑总面积小于 50 m^2 的儿童活动空间，其面积较小且儿童人数较少，不影响整体建筑空间的功能性质，可不考虑独立疏散和防火分隔。

5.3.3 无就餐区或仅有少量就餐位的饮料店、轻食店，可视作商店营业厅。使用电气加工食品的快餐、咖啡等小型餐饮设施的烹饪或热加工部位，可不视为厨房，即可不与相邻其他部位进行防火分隔。按照固定座位数计算疏散人数的餐饮场所，其座位应为固定不可移动的座位。

5.3.4 保龄球、台球、壁球、飞镖、蹦床、攀岩、室内电动卡丁车场等场所可按照一般公共建筑中娱乐场所(非歌舞娱乐放映游艺的公共娱乐场所)执行，但当上述场所中同时具备属于歌舞娱乐放映游艺类场所所规定的功能时，应按歌舞娱乐放映游艺类场所执行。

1 为了营造氛围和效果，上述场所经常采用聚氨酯、聚苯乙烯、海绵、毛毯、木板等易燃可燃材料装饰装修以及使用易燃可燃物挂件、塑料仿真植物、模型道具、器具，发生火灾极易造成蔓延扩大和严重损失，故要求采用不低于 2.00 h 的防火隔墙、防火卷帘和不低于 1.50 h 的不燃性楼板分隔和乙级防火门与其他区域分隔。使用防火卷帘分隔时，应符合现行国家标准《建筑设计防火规范》GB 50016 的相关规定。对于设置在城市综合体内面积较小的开放式的局部 VR 体验、游戏体验等场所，可按现行国家标准《建筑设计防火规范》GB 50016 中商业营业厅的相关规定执行。

2 场所的顶棚、墙面、地面、隔断和固定家具上包覆的固定装饰织物、防撞的包覆材料或大面积附设的其他装饰材料（含竣工验收后包覆或附设的），其燃烧性能应按照其铺设的相应位置的顶棚、墙面、地面、隔断和固定家具的燃烧性能一并考虑。

7 附建在城市综合体中的上述场所，其业态可能会随着商业运营策略调整而改变，且大部分该类场所附设休闲等候、轻餐等区域，综合考虑后期实际运营需求，其人数计算宜按照现行国家标准《建筑设计防火规范》GB 50016 中商业建筑的相关规定执行。

8 考虑高大空间中的蹦床活动区域和攀岩活动区有大量的非 A 级柔性安全防护材料，不利于火灾时的人员疏散逃生，故要求控制蹦床活动区域和攀岩活动区域的活动面积。面积的控制要求参照现行国家标准《建筑设计防火规范》GB 50016 中歌舞娱乐游艺场所一个厅（室）的面积规定，区域之间分隔宽度参照现行行业标准《展览建筑设计规范》JGJ 218 的次要展位通道宽度确定。考虑攀岩活动区墙面造型与地面也同样存在类似情况，故对连续墙面长度提出要求。

10 对于新业态，有的业态尚未固定，考虑其存在不确定性，不能仅凭其申报名称或商业名称来进行功能定性，而是要综合考虑其平面布局、安全疏散、消防设施设置、内部装修、营运模式等与原业态的异同，提出符合场所火灾危险性特点的消防安全对策措施。

5.3.5 剧本娱乐活动场所的消防安全要求是根据应急管理部消防救援局《关于印发密室逃脱类场所火灾风险指南及检查指引的通知》（应急消〔2021〕170 号），以及文化和旅游部、公安部、住房和城乡建设部、应急管理部、市场监管总局《关于加强剧本娱乐经营场所管理的通知》（文旅市场发〔2022〕70 号）要求制定的。主要是指以“剧本杀”“密室逃脱”等为代表的现场组织消费者扮演角色完成任务的剧本娱乐经营场所，其营业执照的经营范围登记为“剧本娱乐活动”。

密室逃脱、剧本类娱乐场所一般有以下几种类型：

① 沉浸式剧场：高自由度；全开放式场景，即玩家可在绝大部分场景内自由走动，场景内演员或非玩家控制角色（NPC）加上玩家的数量通常在 10 人～40 人，单主题面积一般为 500 m^2～1 500 m^2。

② 实景侦探剧：带实景搜证的剧本杀游戏，类似综艺节目《明星大侦探》；全开放式场景，即玩家可在绝大部分场景内自由走动，场景内游戏主持人（DM）加上玩家的数量通常在 15 人以内，单主题面积一般为 100 m^2～800 m^2。

③ 通过式密室：传统意义上的密室逃脱，包括机械密室逃脱等，通常以闯关解谜的形式逐一通过房间，部分房间通过设计可能会重复利用，单场人数为 4 人～10 人；部分场景较大的可能会做滚场，即同一场景内同时间不同区域有 2 组玩家先后进入场景进行游戏；滚场主题内人数一般为 10 人～20 人，这种模式有点类似于游乐园的“鬼屋”，分批次进入场景。

④ 主题性枪战对抗游戏：赋予传统真人 CS 主题性，以真人模拟枪战为主，面积通常为 400 m^2～1500 m^2，单场人数 20 人～50 人不等。

主题一般是指由同一故事线索串联起的房间或场景所构成的场所，该类场所的火灾危险性与主题的设计有关。有的主题为营造特定的场景效果，可能会布置大量的易燃、可燃装修材料；有的主题为了增加体验感，需要设置曲折复杂的行走路线，甚至部分通道需要玩家爬行通过；有的主题为营造氛围，经常会出现黑暗环境、设置暗门、暗房或因场景剧情需要将安全出口封闭；还有的特殊解谜类等主题，玩家在游玩时被限制在房间内，必须完成任务才能打开出口或由工作人员开门。

5.3.6 无治疗功能的月子护理中心应按现行国家标准《建筑设计防火规范》GB 50016 中有关旅馆的规定进行防火设计，考虑产妇行动不便等因素，其疏散距离应按医疗建筑的病房部分的要求执行。

5.3.7 对于近年来出现的演艺新空间等新型场所（又称多功能小型营业性剧场，是指以演艺为主营业务的新型演出场所），如脱口秀等，可参考剧场的相关要求执行。但当其同时可作为消防安全要求较高的其他使用功能时，如歌舞厅等，应以消防安全要求较高的使用功能确定其使用性质。对于规模较小的小剧场、小电影院，当其总建筑面积小于 400 m^2 时，可不设置独立的安全出口和疏散楼梯，但应符合本标准第 5.1.2 条的相关要求。

5.3.8 本条是参考现行行业标准《博物馆建筑设计规范》JGJ 66 中关于藏品库房的防火设计规定进行编制的。

5.3.9 建筑中的附属库房火灾风险较大，应作面积限制。其中，存放丙类第 2 项和丁、戊类物品时，库房总面积不宜超过所在防火分区总建筑面积的 10%；符合国家标准《建筑设计防火规范》GB 50016—2014(2018 年版)第 5.4.2 条规定的附属库房，单间建筑面积地上不宜大于 500 m^2，地下不宜大于 200 m^2。本条中的附属库房，不包括直接为民用建筑使用功能服务，且在整座建筑中所占面积比例较小，并内部采取了一定防火分隔措施的库房，如建筑中的自用物品暂存库房、档案室和资料室等附属库房。

同一防火分区内对于进行了严格的防火分隔且无需利用营业厅疏散的附属库房、设备房、工具间、卫生间、办公等，在计算疏散人数时可不计入营业厅的建筑面积，但应根据实际情况进行核定疏散人数和宽度。

6 特殊部位和空间

6.1 中 庭

6.1.1 根据《大型商业综合体消防安全管理规则(试行)》(应急消〔2019〕314 号)要求,进一步强调中庭不应布置商业或其他服务功能。当中庭需要布置商业或其他服务功能,并在中庭摆放可燃物品时,则应按防火分区设计并满足防火分区分隔方式而非中庭的防火分隔方式,其设置的安全出口也应符合安全疏散的要求。

由于地上与地下防火分区标准不一致,若地上中庭一直贯通至地下,考虑地下建筑消防救援难度远大于地上建筑,故应采取可靠的防火分隔措施,避免地上、地下商业连成一片,不利于安全疏散和消防救援。地上、地下的楼梯和自动扶梯厅在一层或地下一层非中庭区域做转换,可有效避免火灾风险。

设置中庭并采取措施时,其每层中庭处的建筑面积仍需符合现行国家标准《建筑设计防火规范》GB 50016 中关于该层防火分区面积的规定,也就是说,防火分区面积在设置中庭处只可以竖向叠加,不能水平无限扩大。中庭首层及各层回廊应符合双向疏散要求。若中庭首层不能设置直通至疏散楼梯或室外安全出口,中庭首层面积不宜大于 500 m^2;若回廊总长度不足 40 m 的,允许将通向相邻防火分区的甲级防火门视为安全出口。

中庭的防火卷帘在同层防火分区间的隔墙上时,其长度不计入防火分区间隔墙的总长度和隔墙上防火卷帘的长度,具体见图 11。

6.1.2 本条进一步强调了中庭及回廊不应布置使用与服务功能,此外明确了参照上海市工程技术规范《建筑防排烟系统设计

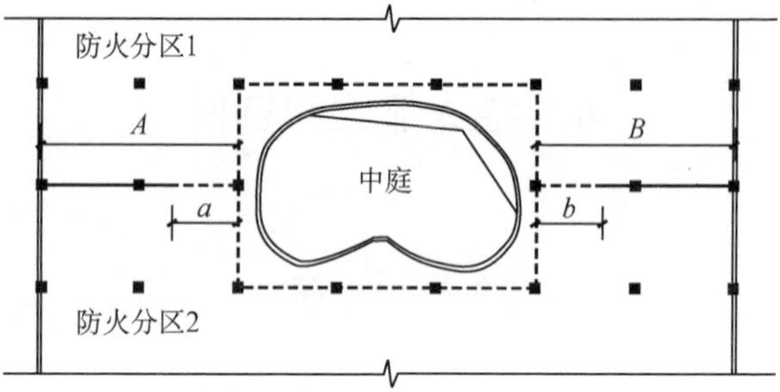

不计入中庭卷帘长度 [应满足$a+b<(A+B)/3$]

图 11

标准》DG/TJ 08—88 对中庭和高大空间的建筑防火分隔方式的规定。

6.2 下沉式广场

6.2.1 下沉式广场往往存在被用于多种用途的情形，不仅兼作不同区域在火灾时的人员疏散用，而且设置部分景观、休息座椅等，且有大量人员需要通过下沉式广场疏散时，如果下沉式广场的面积过小，人员就可能因为拥堵被限制在建筑内不能及时疏散到室外。因此，要确保用于疏散的净面积不小于 169 m^2，以留出一定的防火空间间隔。当疏散的净面积不足 169 m^2 时，不得作为下沉式广场使用。当有多个防火分区通向下沉式广场时，由于人的习性和本能所使，实际进入的人员情况是比较复杂的，在设计时还应根据进入的疏散人数、直通地面的疏散楼梯的分布情况等，适当增加下沉式广场疏散的净面积，优化疏散楼梯的布局。

当下沉式广场连通多层时，人员需要先到上一层的下沉式广场再到达地面，多层的人员会在上一层的下沉式广场汇集，为了使得人员尽快到达地面，通向地面的疏散楼梯宽度要考虑本层和本层以下各层人员同时疏散的需要。本条各层的设计疏散总净宽度是指该层通向下沉式广场的所有防火分区中最大的设计疏散总净宽度。

例如，一个连通地下一层和地下二层的下沉式广场，地下二层有3个商业营业厅防火分区通向该下沉式广场，设计疏散总净宽度分别为6 m、4 m和3 m；地下一层有2个商业营业厅防火分区通向该下沉式广场，设计疏散总净宽度分别为5 m和4 m；该下沉式广场地下二层通向地下一层或直接通向地面的疏散楼梯总净宽度不应小于6 m：

$$\max(6\ \text{m},\ 4\ \text{m},\ 3\ \text{m}) = 6\ \text{m}$$

该下沉式广场地下一层通向地面的疏散楼梯总净宽度不应小于11 m：

$$\max(5\ \text{m},\ 4\ \text{m}) + \max(6\ \text{m},\ 4\ \text{m},\ 4\ \text{m}) = 11\ \text{m}$$

下沉式广场在地下建筑中有利于提高消防安全，在实际应用过程中，地下建筑外墙边缘难以与下沉式广场边缘重合，外墙与下沉式广场边缘之间往往设有回廊，回廊的一侧与下沉式广场室外空间连通，具有一定安全性，但应控制回廊的宽度，并保障地下建筑外墙的耐火完整性。

面向下沉式广场的外墙，推荐采用实体墙，有困难时可采用防火玻璃墙，但防火玻璃墙的耐火完整性和耐火隔热性要达到1.00 h。当仅采用耐火完整性达到要求的防火玻璃墙时，要设置自动喷水灭火系统对防火玻璃墙进行保护。自动喷水灭火系统可采用闭式系统，也可采用防护冷却水幕系统。

6.2.2 现行国家标准《建筑设计防火规范》GB 50016等规定了下沉式广场用于大型地下商业设施的防火分隔要求。在实际工程应用中，一般会考虑地下建筑利用下沉式广场进行疏散，但有时也会利用下沉式广场作为灭火救援场地。本条对同时用于灭火救援场地的下沉式广场作了相应的补充要求。

当下沉式广场兼作灭火救援操作场地时，消防车的到达可通过设置坡道直接通至地面市政交通系统，或者结合地下城市交通隧道的布局设置通向下沉式广场的联络通道，以满足消防车快速到达及调度的需要。

6.2.4 建筑内的电梯、自动扶梯等设施在火灾时容易受到火灾烟气的影响，根据建筑防火设计原则，不应作为安全疏散设施。但下沉式广场等室外空间在火灾时相对安全，参照现行国家标准《人民防空工程设计防火规范》GB 50098 等，顺疏散方向的自动扶梯可作为疏散设施，但在下沉式广场内还必须要有室外疏散楼梯。有关消防专用通道的定义，见现行国家标准《地铁设计防火标准》GB 51298。

6.2.5 当下沉式广场等需要设置防风雨棚时，必须具有与室外开敞空间等效的防火与防烟性能，其主要特征就是烟气不会在其中聚集不散，具有良好的自然通风条件。在下沉式广场防风雨棚的顶棚四周开口进行自然排烟时，其开口高出屋面不应小于1.0 m，这是标准的最低要求，但不是唯一做法，其他能够实现顶棚上部有效自然通风排烟的方法也可行。自然排烟是较可靠的排烟方式，不能通过设置机械排烟系统来替代自然排烟口，以保证排烟的可靠性。可熔性材料是指在 120 ℃～150 ℃能自行熔化且不产生熔滴的材料。

当建筑室内发生火灾时，火灾产生大量的热烟气较周围环境空气温度高。单位体积内热烟气较环境空气(常温下空气)密度低，同体积的热烟气较常温下空气轻，根据物理学原理，热烟气会产生向上的浮力。在热烟气上升过程中会逐渐冷却，其密度也逐渐与常温空气相近，热烟气原先的向上浮力也逐渐减小。当热烟气上升到一定高度后，原有的浮力将会消失，热烟气将不再上升。如果建筑外墙上开口高度低于这个高度，热烟气将会从开口自然排出，否则，热烟气将不能从外墙上开口自然排出。

6.3 地下商业步行街

6.3.1 地下商业步行街是设置在地下，连接地下餐饮、商店等商业设施及地面建筑的地下或半地下室且仅用于人员通行的有顶街道。地下商业步行街仅设置在地下一层，其上部不设置建筑，且步行街两侧的建筑需利用步行街进行安全疏散。地下商业步行街与其他区域应采用相对安全的下沉式广场、防火隔间等防火分隔方式。直接为步行街服务的零星设备间、办公房、储物间等仍与步行街属于同一使用功能而非其他功能区。

6.3.2 地下商业步行街只能布置在地下一层，地下二层及以下楼层不应设置商业步行街。为防止地下商业步行街与地上建筑的火灾相互蔓延，并保证地下商业步行街的顶棚有足够的自然排烟口，地下商业步行街的上部不应设置建筑。

6.3.7 当地下商业步行街与相邻其他单独划分防火分区的区域，如百货店、超市等有连通开口时，商业步行街与每个相邻防火分区的开口总宽度不应大于 9 m，且该开口不应作为疏散口计算疏散宽度。

6.3.12 地下商业步行街消防应急照明、灯光疏散指示标志的连续供电时间不应少于 1.0 h。

6.4 类首层

6.4.1 在大型城市综合体中，经常会出现大量人员密集型的地下或地上活动空间，导致该层的人员疏散至首层比较困难，按照国家标准《建筑设计防火规范》GB 50016—2014(2018 年版)的要求进行设计会在首层沿外墙面出现大量的疏散楼梯，对建筑的外立面和出入口的设计影响很大。本条参照了现行上海工程建设规范《城市轨道交通上盖建筑设计标准》DG/TJ 08—2263 和《展览建筑及布展设计防火规程》DGJ 08—2173 中的相关条款，在符合一定加强措施的条件下，可以将某些非首层平面作为类首层看待，定义为“类首层”，参照首层的概念进行防火设计。

6.5 类室外空间

6.5.1 本条是针对某些大进深的大型城市综合体，在中庭内部疏散距离无法满足最大疏散距离时，采取的一种能迅速排除火灾烟气的方式，将室内空间变为“准安全区”，并将此类空间定义为“类室外空间”；条文参照了下沉式广场的一些概念，同时参考了现行协会标准《自然排烟窗技术规程》T/CECS 884 中对于自然排烟的具体要求。对于其他类型的室内空间（含局部敞开的室内空间），需要作为“室外空间”使用时，必须具有与室外开敞空间等效的防火与防烟性能，并应进行专门的分析论证。

6.5.2 通过高大室内空间连接多栋建筑时，不应破坏高大空间“类室外空间”的属性。

6.6 屋面疏散

6.6.1 将建筑的疏散楼梯通至屋面，可使人员多一条疏散路径，有利于人员及时避难和逃生。国家现行标准中对通向屋面的疏散楼梯间没有限制，但有条件时要尽可能将所有疏散楼梯均通至屋面，以形成每座楼梯竖向均具备双向疏散条件，为人们在紧急情况下多提供一条逃生出路。能通至屋面的疏散楼梯应有明显标志。屋面上可供人员临时安全停留的面积，一般可按进入一部楼梯中疏散总人数的 1/4 来确定屋面上的避难面积，每人的避难面积可以按 0.2 m^2 计算。

6.6.2 考虑到平台为开敞空间，对于单、多层城市综合体，本标准比照了一、二级耐火等级单、多层民用建筑间的防火间距要求，规定平台相对外墙的最小水平净距不应小于6.0 m。显然，要满足此间距要求的室外开敞平台的地面面积不应小于36 m^2。对于高层城市综合体，本标准比照了高层民用建筑间的防火间距要求。

6.8 排烟排热设施

6.8.1 本条规定了城市综合体内需要设置排烟排热设施的建筑场所。当建筑发生火灾时，这些场所会积聚大量的热量与烟气。这些热量与烟气的积聚，特别是当机械排烟系统失效会严重影响灭火救援行动的展开。因此，建筑内这些场所的排烟排热对于保障救援行动安全和建筑结构安全，具有重要的作用。排烟排热设施包括固定窗和可开启外窗。

当具有外墙或屋顶条件时，排烟排热设施应设置在需要排烟排热的空间的外墙或屋顶；因各种原因无法直接设置时，可设置在同一防火分区的公共区域。排烟排热设施的可破拆面积应按所设置区域面积的百分比确定，并应分散均匀设置。

6.8.2 根据烟气流动规律，在楼梯间顶部设置一定面积的可开启外窗可防止烟气的积聚，以保证楼梯间有较好的疏散条件。通过对多起火灾案例的研究后发现，为给消防救援提供一个较好的条件，保障救援人员生命安全，不延误消防救援时间，应在楼梯间的顶部设置可开启自然排烟窗或可破拆的排烟排热设施，以便及时排除火灾烟气和热量。

为了保证每个防火分区至少有一个楼梯间能提供给消防救援人员较顺利地进入火灾场所，本条对每个防火分区的设置排烟排热设施的疏散楼梯间的数量作了规定。

6.8.3 当采用机械加压送风系统的防烟楼梯间靠外墙设置时，为及时有效地进行排烟排热，排烟排热设施的设置除应满足顶部1 m^2要求外，还应满足每5层内总面积不小于2 m^2的要求。

6.8.7 固定窗平时不能开启，适用于楼梯间加压送风场合，需要排烟排热时可破拆处理。可开启外窗平时不开启，需要排烟排热时可采用人工或电动(气动)等方式开启。

为保证排烟排热设施的有效运行，排烟排热设施除应满足开启面积要求外，还应均匀布置。

7 安全疏散、避难和消防救援

7.0.1 本条规定了相邻防火分区借用安全出口和共用安全出口的基本要求。

1 当防火分区疏散利用通往相邻防火分区的甲级防火门作为安全出口时，两个相邻防火分区之间应全部采用防火墙和甲级防火门进行分隔，不允许采用防火卷帘、防火水幕等方式进行分隔；采用防火玻璃墙时，防火玻璃墙的耐火性能及其构造应与防火墙等效，在实际工作时，不能只片面强调防火玻璃的性能，而忽视防火玻璃及其固定构造与缝隙封堵的整体作为防火玻璃墙体的耐火性能，并不得用防火窗代替防火玻璃墙。

2 需要借用安全出口的防火分区，当其建筑面积大于 1 000 m^2 时，应具备至少 2 个直通室外的安全出口；当其建筑面积不大于 1 000 m^2 时，应具备至少 1 个直通室外的安全出口。

对于相邻被借用安全出口的防火分区，其疏散净宽度应有富余且应具备至少 2 个直通室外的安全出口，不允许“连环借用”或“相互借用”，即不允许从 A 防火分区借用到 B 防火分区，再从 B 防火分区借用到 C 防火分区，或者从 A 防火分区借用到 B 防火分区，再从 B 防火分区借用到 A 防火分区。对于面积小于 1 000 m^2 且只有 1 个安全出口的防火分区，应能保证其双向逃生。同时，每个通往相邻防火分区的作为安全出口的甲级防火门，均需要计算疏散净宽度。即使当防火分区内的直通室外安全出口总净宽度已满足本防火分区所需净宽度时，如借用通往相邻防火分区甲级防火门作为安全出口，则每个甲级防火门的最小疏散净宽度也应按照最少单股人流 0.55 m 计算，人员密集场所应按照 0.70 m 计算。

3 借用和被借用安全出口的两个相邻防火分区，其空间特征、人员特征不应存在明显差异。非人员密集场所所在防火分区不应利用通向相邻人员密集场所所在防火分区的甲级防火门作为安全出口。例如，一般汽车库不借用机房分区或相邻商业场所所在防火分区的门作为安全出口，商业不借用通向机房或后勤分区的门作为安全出口，办公分区不借用通向商业分区的门作为安全出口，机房分区不借用通向商业分区的门作为安全出口等。但对于机房等辅助功能的分区，由于疏散人数较少，且均为内部管理人员，对于辅助功能空间环境比较熟悉，可以利用通往相邻辅助功能分区以及相邻汽车库的甲级防火门作为安全出口。

4 需借用安全出口的防火分区所在楼层直通室外、避难走道和疏散楼梯间的全部安全出口总净宽度不应小于按照该层总疏散人数计算所需的总净宽度。例如，一个划分 A、B、C 三个防火分区的楼层，每个防火分区如所需疏散净宽度均为 10 m，其中 A 防火分区借用了 B 防火分区 3 m，B、C 防火分区不借用，该楼层的总疏散净宽度仍应不小于 30 m，而不是 27 m。

7.0.2 所谓共用疏散楼梯间，是同一楼层上多个防火分区的部分安全出口均通至位于这些防火分区结合部的同一部疏散楼梯间，或利用疏散走道连通至同一部疏散楼梯间，并利用该疏散楼梯进行疏散的情形。现行国家标准《建筑设计防火规范》GB 50016 中没有明确是否可以共用疏散楼梯间，但实际工程中，存在少数建筑在相邻防火分区间相互共用疏散楼梯的现象。由于共用疏散楼梯会削弱防火分区防火分隔的有效性和可靠性，特别是会降低疏散楼梯间的安全性能，并容易在疏散时出现人员过于集中和拥堵等情况，不利于保障人员的疏散安全，因此相邻防火分区是否共用疏散楼梯间，应综合建筑的不同使用功能和使用人员的特性情况后确定，原则上，不允许共用同一部疏散楼梯。共用疏散楼梯间的场所，一般有两类：一类是汽车库、设备间等使用人数很少的场所；另一类是商店营业厅、展览厅等人员密度比较大的场所。

7.0.3 剪刀楼梯也称叠合楼梯、交叉楼梯或套梯，是在同一楼梯间内设置一对相互重叠但又不相通的楼梯。为了节约空间，提高空间利用率，两部楼梯可以组合成剪刀楼梯的形式。但同一个防火分区内的同一部剪刀楼梯仅可作为一个安全出口，两段梯段宽度可以叠加。考虑首层扩大前室本身具有一定的安全性和比较大的面积，而且直通室外，也不存在人员误入其他楼梯间的情况，因此除消防电梯前室或合用前室外，建筑中用于2个独立安全出口的剪刀楼梯间，尽管不允许在楼层上共用前室，但在首层可以共用同一个扩大前室，但共用前室应设置至少2个安全出口。

7.0.4 高层建筑主体与裙房之间设置的防火墙上不可设置防火卷帘。当受造型影响，裙房局被侵入高层建筑主体时，应加强防火技术措施，常见的做法有：

1) 分隔处的防火墙耐火极限不宜低于4.0 h。

2) 高层建筑主体与裙房之间的楼板耐火极限不宜低于2.50 h。

3) 高层建筑主体与裙房外墙洞口水平净距离不宜小于4.0 m，垂直净距离不宜小于1.5 m。

4) 高层建筑主体与裙房的安全疏散和灭火设施应相对独立。

7.0.6 如按照放映厅内固定座位数1.1倍计算人数时，包含放映厅观众和工作人员的人数，但不包含候场人数。

7.0.7 附建在商业建筑中的健身房、无看台体育活动场所，其业态可能会随着商业运营策略调整而改变，综合考虑后期实际运营需求，应按照现行国家标准《建筑设计防火规范》

GB 50016 中商业建筑的相关规定执行。如位置、面积以及业态比较明确和固定，健身房可参照美国标准《生命安全规范》NFPA101：有健身设施的健身房人员密度按 4.6 m^2/人计算，无健身设施的健身房人员密度按 1.4 m^2/人计算；无看台体育活动场地疏散人数可按照实际服务人数和 1.1 倍更衣柜数量中最大值进行计算。

7.0.8 37.5 m 和 45 m 已经考虑了设置自动喷水灭火系统的情形。本条的具体做法见图 12。

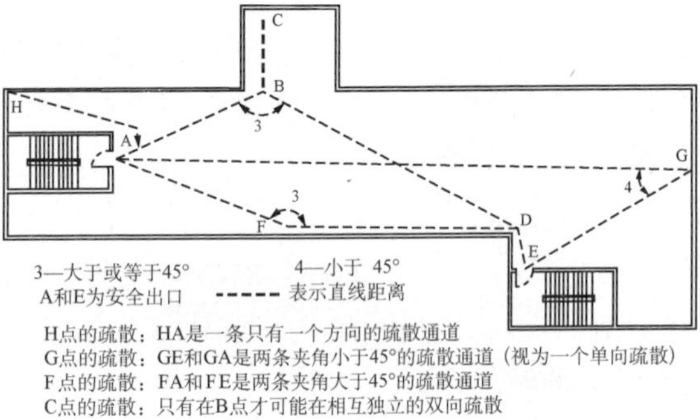

HA：最大 20 m　GE：最大 20 m　FA：最大 30 m　CB：最大 20 m　CBA：最大 30 m（当采用自动灭火系统时，安全疏散距离可增加 25%）

图 12　开敞大空间疏散距离示意

7.0.9 当建筑全部设置自动灭火系统时，楼梯间在首层直通建筑外门的疏散距离不再增加 25%，即仍应按不大于 30 m（图 13）。剪刀梯的设计应满足本标准第 7.0.3 条的规定。

7.0.11 在考虑疏散距离时，夹层要将人员在楼梯上的行走时间折算为水平走道上的时间，故采用楼梯水平投影的 1.5 倍计算。

7.0.12 避难层间距应从避难层地面面层算至上层避难层地面面层。

7.0.13 建筑中避难走道常用于直通室外地面的首层以及地下或半地下建筑（室），一般不适用于建筑中其他楼层的疏散。

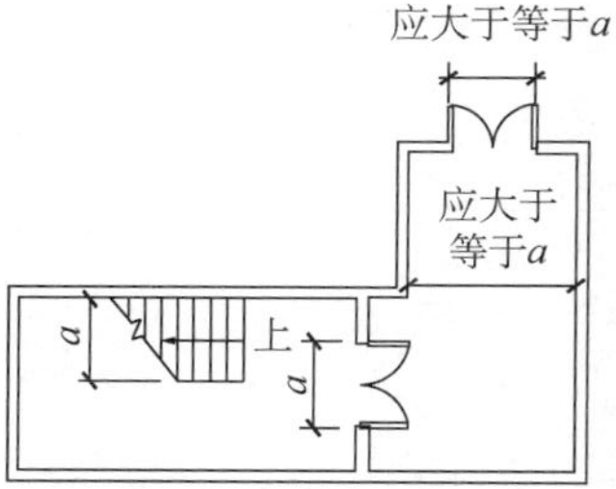

a) 地下部分与地上部分楼梯分别通过各自的前室、扩大前室或避难走道直通室外时

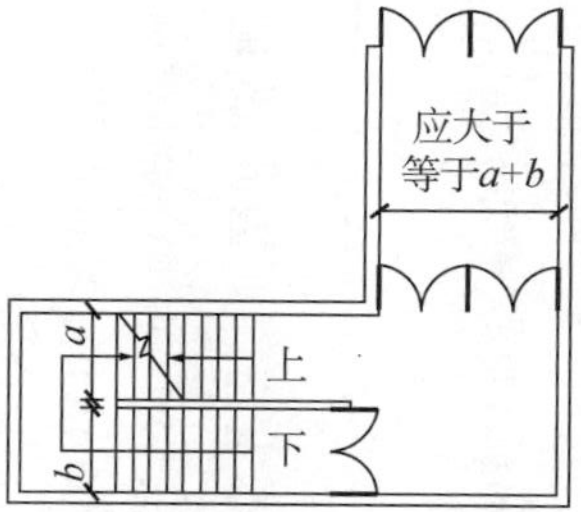

b) 地下部分与地上部分共用楼梯间，通过同一个前室、扩大前室或避难走道直通室外时

注：仅供车库、机房区域的疏散楼梯宽度可不叠加。

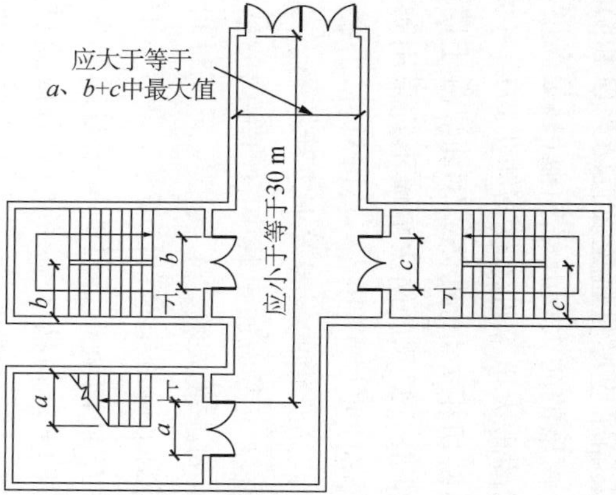

c) 地下部分与地上部分不共用楼梯间，通过同一个扩大前室或避难走道直通室外时

注：仅供车库、机房区域的疏散楼梯宽度可不叠加。

图 13　首层扩大前室或避难走道疏散宽度及疏散距离示意

1 避难走道两侧的防火隔墙应尽量避免设置防火窗和防火玻璃墙。防火玻璃墙与固定窗扇的防火窗几乎相似，只是高度和宽度有所差异。防火玻璃墙的耐火可靠性不仅与防火玻璃有关，还与其固定框架与支撑体系密切相关，与砌体或钢筋混凝土墙的可靠性还有差距。因此，避难走道两侧的防火隔墙不宜采用防火玻璃墙；确需采用防火玻璃墙时，要尽可能提高其可靠性，并控制其使用面积。有关面积可比照防火窗的设置要求进行控制。

2 避难走道的出口和宽度应考虑通至其中的前室门的数量和两侧区域内可能进入其中的疏散人数。本款根据同一时间只有1个防火分区发生火灾确定了避难走道的净宽度，即不小于所有连通避难走道的防火分区中通向避难走道的疏散总净宽度最大者。但实际上，当有3个以上（不包括3个）的防火分区通过避难走道通至室外地面时，考虑疏散的同时性，疏散走道的净宽度还应增加，一般可按避难走道任一侧所有防火分区通向避难走道的总设计疏散宽度的0.7倍确定，取避难走道两侧所需疏散净宽度的较大值。

6 避难走道与各防火分区之间的连通口设有防烟前室，火灾时烟气一般难以进入避难走道内。因此，当避难走道一端设置安全出口且避难走道总长度小于30 m或避难走道两端设安全出口且避难走道总长度小于60 m时，避难走道可不设置防烟系统。否则，避难走道应设置机械加压送风系统。

7.0.14 为保证疏散的连贯性和安全性，确有困难需要错位时，需要控制错位梯段之间的距离在5 m范围内。

7.0.16 高层建筑裙房可不设消防电梯，当裙房用于或部分用于老年人照料设施，且符合规范规定的设置消防电梯的条件时，裙房的相应部分应设置消防电梯。

8 消防设施

8.1 防烟、排烟及通风空调系统

8.1.1 城市综合体建筑的封闭楼梯间、防烟楼梯间、独立前室、共用前室、合用前室及消防电梯间前室等部位是火灾时人员疏散的重要通道，应满足现行国家标准《建筑设计防火规范》GB 50016、《建筑防烟排烟系统技术标准》GB 51251 和现行上海市工程建设规范《建筑防排烟系统设计标准》DG/TJ 08—88 的要求。

8.1.2 本条是根据国家标准《建筑设计防火规范》GB 50016—2014(2018 版)第 8.5.3 条、《建筑防烟排烟系统技术标准》GB 51251—2017 第 4.1.3 条以及上海市工程建设规范《建筑防排烟系统设计标准》DG/TJ 08—88—2021 第 4.1.7 条的相关要求设置的。考虑到城市综合体中使用燃气设备的商业厨房为火灾危险性较高的场所，为防止厨房火灾烟气蔓延，增加了第 7 款。

8.1.3 本条对四层及以上楼层、地下或半地下室的歌舞娱乐放映游艺场所设置机械排烟系统时，除应满足国家现行标准及现行上海市工程建设规范《建筑防排烟系统设计标准》DG/TJ 08—88 的相关要求外，对机械排烟和补风系统提出了更高的要求。走道作为重要的安全疏散通道，其排烟和补风系统宜独立设置。

8.1.4 国家标准《城镇燃气设计规范》GB 50028—2006 第 10.5.3 条第 5 款适用的场所为设置用气设备的地下室、半地下室或地上密闭房间，考虑城市综合体中使用燃气的烹饪操作间即使临外墙布置，由于卫生、防冻等条件的限制，也不可能常年开窗运行，且可开启的外窗通常设置在房间的中、下部，不利于排出泄漏的燃气，因此强调应按现行国家标准《城镇燃气设计规范》GB 50028 设置机械送排风系统。

8.1.5 本条是根据国家标准《建筑设计防火规范》GB 50016—2014(2018 版)第 9.1.5 条、第 9.3.9 条和第 9.3.16 条设置的。排风机设置在排出口,保持风道系统的负压,并顺应气流方向可以有助于系统的安全。增加了对室内排风口的位置要求。

8.1.6 厨房的排油烟系统是厨房火灾的高发区,也是厨房火灾蔓延的主要途径。国家标准《建筑设计防火规范》GB 50016—2014(2018 版)第 9.3.12 条对公共建筑内排油烟系统风管的布置提出了要求。相对已有的国家标准,本条提高了设防要求。

8.1.7 通风、空气调节系统的风管及绝热材料是火灾、烟气蔓延的主要途径之一。因此,对城市综合体通风、空气调节系统风管及绝热材料的燃烧性能提出了更高的要求。

8.2 灭火设施

8.2.1 上海地区的市政给水管网条件较好,城市环状供水,消防水源丰富,给水有保证。针对本地区的特点,采用市政给水作为消防水源是最合理的。

8.2.2 第 1 款的消防用水量是指室内外消防用水量的总和。当利用天然水源作室外消火栓用水使用时,其消防用水量可仅指室内消用水量。

第 3 款为了增加超高层建筑消防给水的可靠性,建筑高度大于 100 m 时应设置消防水池。

8.2.3 对于城市综合体,其消防给水的可靠性要求增加。为安全起见,规定了消防水池的有效容积不应小于 100 m^3。

8.2.4 将“火灾延续时间”改为“灭火持续时间”,这样可能更科学。因为消火栓系统灭火持续时间是 3 h,而喷淋(含水幕,水幕也是自动喷水灭火系统中的一种形式)灭火持续时间是 1 h,如果从火灾延续时间的角度来说明就不够合理。

8.2.5 本标准定义的城市综合体建筑面积等于或大于 50 000 m^2。根据国家标准《消防给水及消火栓系统技术规范》GB 50974—2014 中第 3.3.2 条的规定，体积大于 50 000 m^3 公共建筑室外消火栓设计流量不应小于 40 L/s；当建筑面积大于 500 000 m^2 时，室外消火栓设计流量应增加 1 倍。

8.2.6 第 3 款主要考虑上海地区室外给水管网条件较好，水源充足，且室外消火栓主要是提供室外消防用水量的，故在满足保护范围内，可将市政消火栓计入。可计入的消火栓距离主要是考虑到太近（小于 5 m）的消火栓不便操作；超过 40 m 的消火栓又距离太远，使用不便。

8.2.7 水泵接合器应按系统不同或给水分区不同，采取相对集中设置。上海地区为非严寒地区，为便于识别水泵接合器，不采用地下式水泵接合器。如消火栓系统相对集中，可将同属高区或低区的集中设置，消火栓与喷淋相对分开。水泵接合器与消防车道的距离可参照与室外消火栓的距离。

8.2.8 室外消火栓、水泵接合器、阀门井等设施应设置永久性固定标识，是为了方便使用。标识需明显、规范、不易损坏和脱落。当阀门井内仅为消防阀门时，可在井盖上做标识；当阀门井内有消防和其他管道的阀门时，应在阀门上设有标识。

8.2.9 当建筑物内设有室内消火栓给水系统、自动喷水灭火系统、水喷雾灭火系统、泡沫灭火系统和防护冷却系统等灭火系统时，其室内消防用水量应按需要同时开启的上述系统设备用水量之和计算。

8.2.10 室内消火栓系统的设计流量应根据国家标准《消防给水及消火栓系统技术规范》GB 50974—2014 表 3.5.2 中的不同功能分别计算，取最大值。

8.2.11 本条是针对城市综合体设有不同危险等级的自动喷水灭火系统时，提出的系统设计流量的确定方法。

8.2.12 本条规定了快速响应喷头的使用条件。快速响应喷头具有热敏性能好，火场中动作迅速，在初起小火阶段开始喷水，使灭火的难度降低，可以做到灭火迅速、灭火用水量少，可最大限度地减少人员伤亡和火灾烧损与水渍污染造成的经济损失。快速响应喷头仅用于湿式系统。

8.2.13 自动喷水灭火系统保护可达高度是指国家标准《自动喷水灭火系统设计规范》GB 50084—2017 表 5.0.2 中的民用建筑最大净空高度。

8.2.14 本条明确了建筑内局部设置的库房设计危险等级，有利于设计的统一。自选商场、大卖场、仓储式商场是带有仓储式大空间的购物场所，既有商场的使用功能，又有仓库的储存特点，既是营业区又是仓储区。其设计应根据室内净高、储存方式以及储存物品的种类与高度等因素，按国家标准《自动喷水灭火系统设计规范》GB 50084—2017 中第 5.0.4 条和第 5.0.5 条的规定确定设计参数。

8.2.15 本条明确了高位消防水箱的有效容积。

8.2.16 根据国家标准《自动喷水灭火系统设计规范》GB 50084—2017 中第 5.0.15 条要求，当采用防护冷却系统保护防火卷帘、防火玻璃墙等防火分隔设施时，系统应独立设置。

8.2.17 为增强中间穿过式通道自动喷水灭火系统的可靠性，便于分别管理，故规定应单独设置报警阀。中间穿过式通道冬季环境温度会低于 4 ℃，喷头宜采用易熔合金喷头，管道需保温防冻。自动喷水灭火系统按中危险Ⅰ级设计，喷淋灭火持续时间取1 h。

8.2.18 消防电梯排水是消防电梯正常运行的保证。其他排水不接入消防电梯坑，以确保消防电梯下可处于干燥状态，保证其平时正常运行。排水设备单独设置，保证专用，以便火灾发生时，排水泵的可靠安全运行。

8.2.19 燃油锅炉房、燃油直燃式机组机房和柴油发电机房，其机房间、日用油箱间和油泵房，主要火灾种类是油类火灾。故推荐水喷雾灭火系统，其主要灭火机理均是隔绝油类表面与空气的接触。

8.2.20 对于采用燃气形式的锅炉和直燃机，只要在火灾报警后及时切断气源装置，其可燃物就会减少很多。故采用自动喷水灭火系统即可，强调湿式是保证及时启动灭火。

8.2.21 本条对分布式供能站的机房灭火系统形式提出要求。

8.2.22 根据国家标准《建筑设计防火规范》GB 50016—2014（2018 年版）中第 8.3.9 条第 8 款和《关于贯彻公共安全行业标准、加强消防监督有关问题的通知》（公消〔2007〕226 号）的规定，高层建筑内火灾危险性大及发生火灾后对生活产生严重影响的配电室属于特殊重要设备室，应设置气体灭火系统或细水雾灭火系统。

8.2.23 超高层建筑的楼层配电间是指用于楼层水平配电的小型配电间。考虑超高层建筑的自救要求，为防止局部电气火灾的蔓延，对楼层配电间要求设置自动灭火装置。自动喷水灭火系统是一种经济实用的灭火方法，即使在非正常情况下，也不会给供电系统造成重大损失。脉冲干粉自动灭火装置其灭火迅速、效果好，特别是其启动方式采用了自带的热启动感应信号，通过内置式的感温启动气体活化发生剂，将干粉迅速喷射，干粉为超细磷酸铵盐干粉。

8.2.24 超高层建筑由于其灭火的疏散困难和对通信的要求，通信机房需设置气体灭火系统。

8.2.25 考虑计算机的重要性及价值的关系，本条仅强调面积较大的主机房及记录介质库房采用气体灭火系统或细水雾灭火系统。其他终端部位可采用喷淋系统。

8.2.26 根据《关于印发〈大型商业综合体消防安全管理规则（试行）〉的通知》（应急消〔2019〕314 号）的要求，消防控制室值班人员应实行每日 24 h 不间断值班制度，每班不应少于 2 人，值班人员应持有相应的消防职业资格证书。消防控制室发生火灾危险性较低,可不设自动灭火系统,仅设灭火器。

8.2.27 本条对设置电动自行车集中充电设施的非机动车库灭火系统形式提出要求。自动喷水灭火系统按中危险Ⅰ级设计。

8.2.28 厨房的炉灶或排烟道部位一旦着火,发展迅速且常规灭火设施扑救易发生复燃。根据国外近40年的应用历史,在该部位采用自动灭火装置灭火,效果理想。设置与自动灭火装置联动的自动切断装置,可以有效地切断可燃物源。有关装置的设计、安装可执行现行中国工程建设标准化协会标准《厨房设备灭火装置技术规程》CECS 233的规定。

8.2.29 本条规定了消防软管卷盘的规格尺寸。消防软管卷盘是一种行之有效的扑救初期火灾的灭火设施,与普通消火栓用于灭火持续时间全过程不同。其技术要求低于普通消火栓,不强调两股充实水柱,只要求一股水流到达室内地面。消防软管卷盘的安装比较灵活,可与消火栓共用消防箱,也可单独设置。

8.3 电 气

8.3.2 本条对一级负荷中特别重要负荷的供电要求作了规定。该条文引自现行国家标准《建筑电气与智能化通用规范》GB 55024。

1 近年来,供电系统的运行实践经验证明,从电网引接的双重电源进线加备用自投的供电方式,不一定能满足城市综合体中一类高层建筑消防负荷对供电可靠性及连续性的要求,有些全部停电事故是由内部故障引起的,也有的是由电网故障引起的。由于地区大电网在主网电压上部是并网的,所以用电部门无论从电网取几路电源进线,都无法得到严格意义上的2个或3个独立电源,也难以保证当正常电源故障时,供电网络中独立于正常电源的专用电源不受影响。电网的各种故障,可能引起全部电源进线同时失去电源,造成停电事故,满足不了这类建筑消防负荷的供电要求。因此，规定该类建筑消防负荷除由满足一级负荷要求的2个电源供电外，尚应增设应急电源供电。应急电源是用作应急供电系统组成部分的电源，应是与电网在电气上独立的各种电源。例如：独立于正常工作电源的，由专用馈电线路输送的市政电网电源、蓄电池、UPS、柴油发电机等。

2 一般非消防重要负荷火灾时可切除，故应急电源的容量可按同时工作最大用电负荷选择。

3、4 由于重要负荷对允许中断供电的时间是有不同要求的，因此应急电源的切换时间应满足设备允许中断供电时间的要求；且应急电源的供电时间应按所需用电设备中最长持续运行时间要求来考虑。

8.3.3 确定发电机机组容量时，除考虑应急负荷总容量之外，还应着重考虑启动电动机容量。

按稳定负荷计算发电机及容量 S_{C1}：

$$S_{C1}=\alpha\frac{P_{\Sigma}}{\eta_{\Sigma}\cos\varphi}$$

$$S_{C1}=\alpha\left(\frac{p_1}{\eta_1}+\frac{p_2}{\eta_2}+\cdots+\frac{p_n}{\eta_n}\right)\frac{1}{\cos\varphi}=\frac{\alpha}{\cos\varphi}\sum_{k=1}^{n}\frac{P_k}{\eta_k}$$

式中：P_{Σ}——总负荷(kW)；

P_k——每个或每组负荷容量(kW)；

η_k——每个或每组负荷的效率；

η_{Σ}——总负荷的计算效率，一般取0.82～0.88；

α——负荷率；

$\cos\varphi$——发电机额定功率因数，可取0.8。

按最大的单台发动机或成组电动机启动的需要，计算发电机容量 S_{C2}：

$$S_{C2}=\left(\frac{P_{\Sigma}-P_{m}}{\eta_{\Sigma}}+P_{m}\cdot K\cdot C\cdot\cos\varphi_{m}\right)\frac{1}{\cos\varphi}$$

式中：　P_m ——启动容量最大的电动机或成组电动机的容量(kW)；

$\cos\varphi_m$ ——电动机的启动功率因数，一般取 0.4；

K ——电动机的启动倍数；

C ——按电动机启动方式确定的系数。

全压启动：$C=1.0$；

Y-Δ 启动：$C=0.33$；

自耦变压器启动：50% 轴头 $C=0.25$，65% 抽头 $C=0.42$；80%抽头 $C=0.64$。

按启动电动机时母线允许电压降计算发电机容量 S_{C3}：

$$S_{C3}=P_n\cdot K\cdot C\cdot X''_d\left(\frac{1}{\Delta E}-1\right)$$

式中：P_n ——电动机总容量(kW)；

X''_d ——发电机的暂态电抗，一般取 0.25；

ΔE ——应急负荷中心母线允许的瞬时电压降，一般 ΔE 取 $0.25U_0\sim0.3U_0$（有电梯时取 $0.2U_0$）。

8.3.4　建筑内应采用灯光疏散指示标志，不得采用蓄光型指示标志代替灯光疏散指示标志。

8.3.5　集中控制型系统中，集中设置的集中电源应由消防电源的专用应急回路供电，分散设置的集中电源应由所在防火分区、同一防火分区的楼层的消防电源配电箱供电。非集中控制型系统中，集中设置的集中电源应由正常照明专用回路供电，分散设置的集中电源应由所在防火分区、同一防火分区的楼层的正常照明配电箱供电。集中控制型应急照明及疏散指示系统的供电可靠性明显高于非集中控制型。

因城市综合体规模大、人流密集，应急照明及疏散指示系统不应因功能区域不同，设置不同的系统型式。火灾工况条件下，蓄电池电源持续应急时间 t_1 不应小于 1.5 h。非火灾状态，主电源断电

持续应急时间 t_2 可根据场所不同取值，建议取为 0～0.5 h。

8.3.6 在工程实践中，经常出现施工人员将应急照明配电箱接附近的插座回路。为确保火灾发生时系统供电正常，故作此规定。

8.3.8 当建筑物发生火灾时，火情发展可能会影响到毗邻建筑物，燃烧释放的烟气，也可能对毗邻建筑物内人员健康造成影响。及时将确认的火灾报警信息告知毗邻建筑物，毗邻建筑物管理人员可以根据火灾信息，及时作出反应，降低风险。

8.3.9 联网技术包括火灾自动报警系统的通信网络、互联网、物联网等。物联网无线接入技术种类众多，包括 Zigbee、Wi-Fi、蓝牙等短距离通信技术和 LoRa、SigFox、eMTC、NB-IoT 等长距无线通信技术。

建筑管理单位应按照现行上海市工程建设规范《消防设施物联网系统技术标准》DG/TJ 08—2251 的要求设置消防设施物联网系统，并将监控信息实时传输至市消防大数据应用平台：各建筑管理单位登陆上海消防数据对接平台（http://iot.shxf-119.com/），按照“社会单位—用户手册”步骤，将本单位管理建筑的消防物联网系统数据接入平台。

8.3.10 如消防电梯机房的插座、井道照明、排气扇等，消防水箱间内排气扇、消毒器等，消防水泵房的排水泵、消防管道的电伴热装置、部分灭火系统防护区的自动关闭装置等，也可就近接入主设备供电的消防设备配电箱。消防安保控制中心的智能化设备用电、照明、插座、空调等可与消防设备共同按照消防设备要求配电。这些设备与消防系统主机在一个功能房间内，某些智能化系统在火灾发生时，系统可以为消防救援提供辅助支持，采用消防电源供电有利于消防救援指挥。

8.3.11 当带有消防负荷高压供电的电缆在地下空间、垂直井道敷设时，一旦发生火灾，高压供电电缆也需承受火场的影响，若高压电缆中断供电，消防用地设备也无法得到市政电源的可靠供电。为了保障消防用地负荷的运行，高压供电电缆应采用阻燃耐火电缆。

8.3.12 耐火电缆在整个配电链路上的性能应一致，电缆接头作为其中是重要环节，也应满足耐火电缆的电气特性和燃烧性能要求。

8.3.14 当火灾发生时，可燃性的导管和桥架也参与燃烧，有必要对导管和桥架的燃烧性能作出要求。当采用耐火电缆槽盒时，应满足现行国家标准《耐火电缆槽盒》GB 29415 的规定。

8.3.15 本条引自国家标准《民用建筑电气设计标准》GB 51348—2019 第 13.9.1 条。针对本条城市综合体的特点，作了规定。

9 施工、调试与验收

9.1 一般规定

9.1.1 为确保消防工程质量，对工程使用的材料、设备和消防产品的要求作出规定。新产品必须经过专业机构的鉴定，以确保能够符合相关的消防安全要求。

9.1.2 进场验收、抽样复验、见证取样检验是确保材料、设备和消防产品符合要求的必要手段。

9.2 施 工

9.2.1 防火门是建筑防火分隔的措施之一，通常安装在防火墙上、楼梯出口处或管井的开口部位，要求能隔烟阻火。

9.2.2 由于防火卷帘通常是用于防火分区开口部位的分隔，如果防火卷帘与楼板、梁、墙、柱之间存在缝隙，则烟火就会沿该缝隙向相邻防火分区蔓延。为保持防火分区的有效性，采用防火封堵材料进行填充和封堵是必需的。

9.2.3 在建设工程中需要进行防火封堵的部位，均为要求具有一定耐火性能的建筑构件或结构。防火封堵组件作为该构件或结构整体的一部分，也需要达到该构件或结构的相应耐火要求。

9.2.4 本条分别根据建筑缝隙、环形间隙较小的贯穿孔口及较大的贯穿孔口的防火封堵需要，明确了常用的几种封堵材料类型。

9.2.5 活动挡烟垂壁在火灾时根据控制信号自动下垂，将烟气围在一定的区域内，以确保防烟分区划分的有效性，故应保证其严密性。

9.2.6 城市综合体存在大量的变形缝，火灾时会通过变形缝蔓延。因此，采用不燃材料进行封堵是控制火灾蔓延的有效手段。

9.2.7 本条从保证风管和风道的质量出发，对常用的风管厚度和材料作出限定，使其充分满足系统功能要求。

9.2.8 机械加压送风系统是火灾时保证人员快速疏散的必要条件。因此，本条规定该系统所输送的是不受火灾和烟气污染、能供人正常呼吸的空气。烟气的出口应设置防雨罩等防止雨水进入的措施。

9.2.9 本条对风管系统中的基本质量验收要求作出了规定，以进一步增加系统的防火性能。

9.2.10 本条对系统中柔性短管的耐火性能作出了规定。在普通空调系统中，柔性短管常使用非金属材料。如果在防烟、排烟系统中使用非不燃材料，系统运行时可能会导致柔性短管受热或变形或自身的引燃，造成质量和安全事故隐患。

9.2.11 防火阀、排烟阀的安装方向和位置会影响其动作功能的正常发挥。防火分区隔墙两侧防火阀离墙越远，则对穿墙管道的耐火性能要求越高，阀门的功能作用也越差，故本条予以要求；设置独立的支架和吊架可保证阀门稳定性，确保其功能；设立标识是为了便于维护管理。

9.2.12 本条规定主要是为了提高常闭送风口、排烟阀或排烟口的手动驱动装置可靠性，方便日常维护检修，同时便于火灾时的应急手动操作。

9.2.13 本条给出了消防水泵的安装技术规则。

1 吸水管上安装控制阀是便于消防水泵的维修。先固定消防水泵，然后再安装控制阀门，以避免消防水泵承受应力。

2 当消防水泵和消防水池位于独立基础上时，由于沉降不均匀，可能造成消防水泵吸水管承受内应力，最终应力施加在消防水泵上，将会造成消防水泵损坏。最简单的解决方法是加一段柔性连接管。

3 消防水泵吸水管安装若有倒坡现象，则会产生气囊。采用大小头与消防水泵吸水口连接，如果是同心大小头，则在吸水管上部有倒坡现象存在。

4 压力表的缓冲装置可以是缓冲弯管，或者是微孔缓冲水囊等方式，既可保护压力表，也可使压力表指针稳定。

9.2.14 本条对消防水池和消防水箱安装施工作了技术规定，以进一步保证系统的使用安全。

9.2.15 本条规定了消防水泵接合器的组成和安装程序。消防水泵接合器主要是在火灾发生时向系统补充水用的。如果没有明显的类别和区域标志，火灾发生后无法第一时间找到或消防车无法靠近消防水泵接合器，不能及时准确补水，将造成不必要的损失。

9.2.16 本条规定了室内消火栓及消防软管卷盘或轻便水龙的安装技术要求。现行国家标准《建筑设计防火规范》GB 50016 规定室内消火栓应设置在位置明显且易于操作的部位。消火栓栓口出水方向向下或者与设置消火栓的墙面成 90°角，是便于消防队员操作的最佳角度。

9.2.17 本条规定了消火栓箱的安装技术要求。消火栓的启闭阀门设置位置直接影响到其动作功能的正常发挥，应正确安装。

9.2.18 设置独立阀门，保证各系统独立使用，可以降低不必要的经济损失。否则，当单一系统出故障时，两个系统将同时失效而错过最佳灭火时间。

9.2.19 如果减压阀的使用性能要求与水流方向不一致，减压阀就有可能变成升压阀或者止回阀，故必须严格按减压阀指示的方向安装；在减压阀进水侧安装过滤网，可以防止管网中杂物流进减压阀内，从而堵塞减压阀先导阀通路，避免杂物沉积于减压阀内活动件上影响其动作，造成减压阀失灵；阀门前后安装压力表，便于调试、检修和观察压力情况，安装时阀盖应向上。

9.2.20 本条对管道支架与吊架安装位置进行了规定。支架、吊架在满足系统承载力的情况下，喷头与支架之间的距离小于300 mm时，可能妨碍喷水效果；末端喷头与支架之间的距离大于750 mm时，喷头动作时可能不稳定。

9.2.21 本条规定是为了确保穿线顺利。若不做固定，在施工过程中将发生跑管现象。最好要用单独的卡具，防止受其他设备检修的影响。

9.2.23 本条规定是为了增加机械强度，防止弧垂过大，以确保工程质量。

9.2.24 管线经过建筑物的变形缝（包括沉降缝、伸缩缝、抗震缝等）处应采取补偿措施（如加装接线盒等），在导线跨越变形缝的两侧应固定，并留有适当余量，这样能够避免线路发生断裂，从而提高系统运行的可靠性。

9.3 调　试

9.3.1,9.3.2 条文对系统中运用的主要部件单机调试的内容及应达到的功能作了规定。考虑当前我国防排烟系统阀门安装质量和阀门本身可靠性方面尚存在各种问题，因此规定对防火阀、排烟防火阀、常闭送风口和排烟阀（口）的执行机构进行手动开启及复位的试验。通过调试时手动开启及复位试验，能及时发现系统安装及产品质量上存在的问题，并及时排除，以保证系统能可靠、正常地工作。动作信号的反馈是为了消防控制室操作人员能掌握系统各部件的工作状态，为正确操作系统作判断。

9.3.3 本条规定了在机械加压送风系统调试中测试各相应部位性能参数应达到设计要求。若各相应部位的余压值低于或高于设计标准要求，均应采取调整措施。测试应分上、中、下多点进行。

9.3.4 本条规定了在机械排烟系统调试中，测试排烟口风速、风机排烟量及补风系统各性能参数，以检测设备选型及施工安装质量应达到的设计要求。

9.3.5，9.3.6 条文对机械加压送风系统和机械排烟系统的联动进行了规定。一旦发生火灾，火灾自动报警系统应能联动送风机、送风口、排烟风机、排烟口等设备动作，以保证机械加压送风系统和排烟系统的正常运行。

9.3.7 消防水泵启动时间是指从电源接通到消防水泵达到额定工况的时间，应为 20 s～55 s。

电源之间的转换时间，国际电工规定的时间分为 0 s、2 s 和 15 s 等不同等级，但消防方面的要求并没有那么高，可适当降低。

本条对测试消防水泵的流量和压力性能进行了规定，目的是确认消防水泵能否满足系统要求，提高系统的可靠性。

9.3.8 稳压泵的功能是使系统能保持准工作状态时的正常水压。稳压泵的额定流量应大于系统正常的漏水量，泵的出口压力应是维护系统所需的压力，故稳压泵应随着系统压力变化而自动启停。本条对稳压泵的启停功能提出了要求，目的是保证系统合理运行，且保护稳压泵。

9.3.10 本条对消防给水系统和消火栓系统联动试验进行了规定。

1）干式消火栓系统联动试验时，打开试验消火栓排气，干式报警阀应打开，水力警铃发出报警铃声，压力开关动作，启动消防水泵并向消防控制中心发出火警信号。

2）在消防水泵房打开试验排水管，管网压力降低，消防水泵出水干管上低压压力开关动作，自动启动消防水泵；消防给水系统的试验管放水或高位消防水箱排水管放水，高位消防水箱出水管上的流量开关动作自动启动消防水泵。高位消防水箱出水管上设置的流量开关的动作流量应大于系统管网的泄流量。

通过上述试验，可验证系统的可靠性是否达到设计要求。

9.3.11 本条是对报警阀调试提出的要求。

1,2 报警阀的功能是接通水源、启动水力警铃报警、防止系统管网的水倒流。按照本条具体规定进行试验,即可分别有效地验证湿式、干式报警阀及其附件的功能是否符合设计和施工规范要求。

3 主要对雨淋阀作出规定,其中的调试要求主要参照现行国家标准《自动喷水灭火系统 第5部分:雨淋报警阀》GB 5135.5。

9.3.12 火灾自动报警系统调试应首先按照产品对应的国家现行标准对系统部件的主要功能和性能进行检查,并符合国家标准的规定,然后按照设计文件和现行国家标准《火灾自动报警系统设计规范》GB 50116 的规定,对每个报警区域、防护区域或防烟区域设置的消防系统进行分系统的联动控制功能调试,对不符合项应进行整改,整改后重新进行调试。

9.3.14 消防应急照明和疏散指示系统的调试包括系统部件的功能调试和系统的功能调试:首先对组成系统的各个部件全数进行主要功能检查,系统部件的主要功能、性能应符合现行国家标准《消防应急照明和疏散指示系统》GB 17945 的相关规定;之后,依据设计文件对系统的功能进行检查,系统的功能应符合设计文件的规定。系统调试过程中,对于主要功能、性能不符合现行国家标准《消防应急照明和疏散指示系统》GB 17945 的产品应进行更换,对于系统功能不符合设计文件规定的项目应进行整改,系统部件更换或系统功能整改后,应重新进行调试。

9.3.15 本条对消防应急照明和疏散指示系统的调试要求和方法作出了规定。集中控制型系统,系统设置应急照明控制器,由应急照明控制器集中控制并显示应急照明集中电源或应急照明配电箱及其配接的消防应急灯具的工作状态。根据灯具蓄电池电源供电方式的不同,集中控制型系统分为灯具采用集中电源供电方式的集中控制型系统和灯具采用自带电源供电方式的集中控制型系统。

9.3.16 本条对消防应急照明和疏散指示系统的调试要求和方法作出了规定。非集中控制型系统，系统未设置应急照明控制器，由应急照明集中电源或应急照明配电箱控制其配接的消防应急灯具的工作状态及主电源和蓄电池电源转换。根据灯具蓄电池电源供电方式的不同，非集中控制型系统分为灯具采用集中电源供电方式的非集中控制型系统和灯具采用自带电源供电方式的非集中控制型系统。

9.4 验 收

9.4.1 本条对消防系统工程验收及要求进行了规定，必须严格执行。

9.4.2 本条规定的系统检测、竣工验收应提供的文件也是系统投入使用后的存档材料，以便今后对系统进行检修、改造等，并要求有专人负责维护管理。

10 使用与维护

10.1 一般规定

10.1.1 系统正式启用时，使用单位必备的文件资料不要求格式统一，各地可根据实际需要自行确定。使用单位应建立系统的技术档案，将所有的有关文件资料整理存档。由于火灾自动报警系统使用时间较长，资料的保存有利于系统的使用、维护、修理。

10.2 使用期间防火

10.2.1 应将特殊防火设计规定的相关技术措施的落实情况纳入消防安全管理的重点。

10.2.7 由于城市综合体包含多种建筑功能，当综合体任一层面积大于 10 000 m^2 时，在该层增加消防器材存放点，用来存放灭火救援服、简易面具、破拆工具、灭火器、疏散引导器材等消防器材，便于火灾初期的消防自救。消防器材存放点不宜小于 10 m^2。

10.3 维　护

10.3.2 维护管理是消防给水及消火栓系统能否正常发挥作用的关键环节。灭火设施必须在平时的精心维护管理下才能发挥良好的作用。

10.3.3 活动挡烟垂壁、防排烟风机和各类排烟窗是防排烟的关键设备，每季度应定期进行动作和功能检测，以保证设备在发生火灾时能够正常运行、启动和发挥作用。

10.3.4 消防水源包括消防水池、高位消防水池、高位消防水箱等，每种水源的性质不同，检测和保证措施不同。水源的水量、水压有无保证，是消防给水系统能否起到应有作用的关键。

10.3.5 消防水泵和稳压泵是供给消防用水的关键设备，必须定期进行试运转，保证发生火灾时启动灵活、不卡壳，电源或内燃机驱动正常，自动启动或电源切换及时、无故障。

10.3.6 减压阀是消防给水系统中的重要设施，其可靠性将影响系统的正常运行。但减压阀长期密封且可能存在慢渗水，时间一长，可能造成阀前后压力接近，故本条规定应定期试验。

10.3.9 消防水池和水箱的围护结构可能因腐蚀或其他问题而损坏，应定期检查，发现问题及时维修。

10.3.12 消防给水管路必须保持通畅，报警控制阀在发生火灾时必须及时打开，系统中所配置的阀门都必须都处于规定状态。

10.3.13 水源的水量、水压有无保证，是自动喷水灭火系统能否起到应有作用的关键。由于市政建设的发展、单位建筑的增加、用水量变化等，水源的供水能力也会有变化，因此本条规定每年进行测定。

10.3.14 系统的管理人员应按现行国家标准《建筑消防设施的维护管理》GB 25201 的要求进行系统巡查，并按标准要求处置火警。

10.3.18 系统的管理人员应按现行国家标准《建筑消防设施的维护管理》GB 25201 的要求进行系统巡查，并按规定填写记录。巡查过程中若发现设备外观破损、设备运行异常，应立即报修。